新装版

大学院への マクロ経済学 講義

中村 勝之 著

現代数学社

はしがき

　ひと頃に比べて落ち着いてきた感はありますが，近年の大学院改革を通じてより多くの人々が大学院進学という選択肢に関心を持つようになりました．もちろんその選択肢を実際に歩むことになれば必死で勉強しなければならず，経済学に限っていえば，経済数学のテキストで計算能力を高めるとともにミクロ経済学やマクロ経済学の内容もより深く理解する必要があります．そのためには何冊もの書籍を脇において幾度も見返しながら勉強しなければなりません．この作業自体は重要なことですが，勉強の効率化という観点から「経済数学と経済学が1冊にまとまっていれば…」というニーズがあるのも確かです．本書は『理系への数学』誌上に15回にわたって連載された経済系大学院の入試問題解説を，経済数学およびマクロ経済学に関する問題を集めなおして再編集したものです．

　その意味で本書はマクロ経済学の演習テキストと言えますが，「中級」のマクロ経済学のテキストという性格も持っています．以下で本書の執筆方針について若干説明します．これは姉妹書である『大学院へのミクロ経済学講義』と共通のものです．

　(1)　問題から見えてくる経済学的意味をフォロー：

　たとえば本書で提示しているモデルを講義で解説すると，必ずといっていいほど以下の要望に出くわします．

　「もっとたくさんの数値例を示して欲しい」

この発言は学生の勉強熱心さをうかがわせる反面，大きな誤解にもとづいています．確かに数値例を数多く解くことで理解に到達するかもしれない．でもそれは厳密には例題が「解けた」だけであって，例題の背後にある世界観や答えを通して見えてくる経済学的含意とを突き合わせなければ「理解する」段階に到達しません．本書では随所に例題から見えてくる経済学的意味づけについて丁寧に解説しています．大学院進学を目指す人々はもちろんのこと，国家I・II種および地方上級公務員試験合格を目指す受験生や経済学検定試験（ERE）で高得点を目指したい人々においては，特にこの点をしっかり押さ

えて欲しいところです．問題が解けた上でその意図や位置づけまで理解できれば，マクロ経済学に対する理解は相当に深まるはずです．

(2) 理論体系としてのマクロ経済学を提示する：

ミクロ経済学に比べてマクロ経済学は分かりにくいという学生に結構出くわします．その理由の1つに，マクロ経済学にミクロ経済学ほどの体系性を保持していない印象を持っていることが挙げられます．確かに入門書を紐解くと，前半部分で雑多な議論が並列的に紹介されているため，そこでの議論が後半にどのように活かされているのかが見えにくい．そこで本書では雑多な議論をすべて捨象し，マクロ経済学の体系が総体的に提示できる問題をセレクトして丁寧に解説しています．それが第6～8および12章で解説している「連立方程式体系」にもとづくマクロ経済モデルに当たります．

それと同時にマクロ経済学を専攻している現役大学院生に典型ですが，入門書でマクロ経済学に興味を持っても，それと大学院で触れるマクロ経済学との間にある深い断層に悩んでいる場合も多いはずです．それもそのはず，学部で学習した分析ツールのほとんどが大学院で出てこないからです．こうした断層を少しでも埋めるべく，本書では現在のマクロ経済分析の主流となっている<u>マクロ経済学のミクロ的基礎付け</u>（いわゆる「ライフサイクル・モデル」）にもとづくマクロ経済モデルを解説しており，それが第9～11章に当たります．

こうして本書では，マクロ経済学体系において相異なる2つのモデルを並立させています．なぜか？マクロ経済学の特徴の1つは景気対策や失業対策のための政府の役割を強調する点にありますが，政府が同じ政策を実施するにしても前提とするモデルが異なると帰結も異なることを示したかったからです．政府の実施する政策の成否は政府の想定したメカニズム通りの事態が進行するかどうかにかかっていますが，そのメカニズムは特定の前提から導出されるものです．その意味で，本書を現役大学院生の自習書や学部3回生以降のマクロ経済学関連のゼミや講義科目での副読本として利用する際には，2つのモデルの前提の違いを感じ取って欲しいところです．

(3) 中級マクロで最低限必要な数学をフォロー：

第6～8章は「連立方程式」にもとづくマクロ経済モデルを解説しています．これのみを解説するなら，これに関連する数学的事項に紙幅を割く必要はない

でしょう．でも第9〜11章で「ライフサイクル・モデル」を解説し，その上第12章で経済成長理論の基礎まで解説するとなると，それらに必要な数学的事項をすべて読者の前提知識にするわけにはいきません．かといって付録に集約すれば意味不明だろうし，正面突破を図れば本書が電話帳数冊分に達してしまう．そこで折衷案として，マクロ経済学で使用する線型代数や微分積分学のうち本書で直接使用するものに限定して，第1〜5章でその基礎を解説することにしました．この部分に関しては第6章以降に比べて断片的な印象をぬぐえませんが，マクロ経済学の中級レベルならばこの程度知っていれば十分であるという，勉強上の指針を示したつもりです．

　以上のことを勘案すれば，本書は（明示的に区分していませんが）「経済数学」「連立方程式モデル」「ライフサイクル・モデル」の3部構成になっています．とはいえ後2者はツールとしての共通性をほとんど持っていないため，いろいろな勉強方法があるかと思います．まず本書を手にした初学者は，「連立方程式モデル」をじっくりと取り組んで初級レベルのマクロ経済学をしっかり押さえるのがいいでしょう．「連立方程式モデル」に関する基礎知識をある程度備えている読者は，たとえば第6〜8章までを初級レベルの復習として学習し，その後「ライフサイクル・モデル」にチャレンジすればいいでしょうし，その逆もいいかもしれません．もしそこで使用される数学の基礎事項が分からなければ，必要に応じて「経済数学」を紐解けばいいでしょうし，また思い切った荒療治として第1章から順番に勉強していくというのもあるでしょう．

　いずれにしても肝心なことは，一度勉強すると決めたのなら，ある程度の見通しがつくまでは決して投げ出さないことです．そこでの踏ん張りが，皆さんの未来を切り開くはずです．そして本書が読者の踏ん張りを促す一助となるのなら，筆者としてこれほど至福の瞬間はありません．是非チャレンジしてください．

2009年5月

中村　勝之

新装版へのはしがき

　本書の初版が刊行されてから 10 年以上の歳月が過ぎました．経済系の大学院入試で出題されるマクロ経済学の問題を解説するという，(当時から見ても) トレンドを大きく外した教科書を書いたものだ… と刊行当時から思っていました．なので，現在まで絶版されることなく細々なりとも売れ続けている状況に戸惑うばかりでした．そんな中，この度現代数学社の富田淳氏より本書を「新装版」として出版したいとの話を受け，思わず小躍りしてしまいました．

　ところで，本書で忘れられない出来事があります．刊行した数年後に，大学院に進学したいというゼミ生 (A 君とします) に対して本書を使って勉強会をしていました．A 君が見事大学院進学を果たした後，そこで出会った別の学生 (B 君とします) が，何と，本書を使って勉強していたというのです．私は A 君に紹介してもらって B 君と早速対面し，以降現在においても 2 人との付き合いが続いています．B 君の出身地は東海地区ですし，所属大学もまったく違う．本来であればフォーマルに私と接触する機会は皆無のはずが，本書を通じで出会う．教科書を刊行した者としては，本書を使って勉強した学生に直接触れ合えるというのはこの上ない喜びです．また，職場に着任した同僚から「先生の本を授業のテキストに使ってました」と言われたときにも小躍りしたのを記憶しています．

　今般の事情により，他者の付き合い方を根本的に変えねばならない状況にあります．出口を見出せない事態だと思いがちですが，ここは腰を落ち着けて 1 つの事にじっくり取り組むチャンスでもあります．新装版になった本書がそのきっかけの 1 つにならん事を，そして，これがきっかけとして新たな出会いの扉が開かれん事を願わずにはいられません．

2020 年 12 月

遠くに明石海峡大橋の見える研究室から

中村　勝之

目　　次

はしがき

第**1**章

線型代数の基礎

　線型代数は，次章の微分法や第3章の最適化問題と並んで経済分析のあらゆるところに顔を出します．たとえば第6章から第8章では経済変数が**連立方程式**を通じて決定されるモデルが扱われますし，第4章の差分方程式や第5章微分方程式の解の性質を明らかにするには**固有値**および**固有ベクトル**の知識が必要です．そのため入試問題にも結構な頻度で線型代数に関連した問題が出題されています．本章では後の各章での利用を念頭において，線型代数の基礎的事項について解説していきます．

1．連立方程式と行列式

　本節ではベクトルや行列の話をする前に，連立方程式に関する事項を押さえておきます．その際重要となるのが行列式です．ここでは行列式の計算方法を中心に解説していくことにします．

1．1．連立方程式の解の公式 ～クラメールの公式～

　たとえば x, y を内生変数とする2元1次連立方程式，

$$\begin{cases} a_{11}x + a_{12}y = b_1 \\ a_{21}x + a_{22}y = b_2 \end{cases} \tag{1-1}$$

の解を代入法を使って求めましょう．たとえば(1-1)の第2式を y について解いたもの $y = (b_2 - a_{21}x)/a_{22}$ を第1式に代入して整理します．

$$(a_{11}a_{22} - a_{12}a_{21})x = a_{22}b_1 - a_{12}b_2$$

ここで $a_{11}a_{22} - a_{12}a_{21} \neq 0$ とすれば，

$$x = \frac{a_{22}b_1 - a_{12}b_2}{a_{11}a_{22} - a_{12}a_{21}} \tag{1-2a}$$

となり，これを $y=(b_2-a_{21}x)/a_{22}$ にもどせば，

$$y=\frac{a_{11}b_2-a_{21}b_1}{a_{11}a_{22}-a_{12}a_{21}} \tag{1-2b}$$

と計算できます．

　さて(1-2)式の分母は(1-1)式左辺にある係数のみから計算され，しかも同じ形をしています．そこで，(1-1)式左辺の係数をそのままの配置で取り出したもの $\begin{pmatrix} a_{11} & a_{12} \\ a_{21} & a_{22} \end{pmatrix}$ と分母の計算結果との対応を見ていきます．容易に分かるように，これは左上の数字（以下<u>成分</u>とよぶ）a_{11} と右下の成分 a_{22} をかけたものから右上の成分 a_{12} と左下の成分 a_{21} をかけたものを引いています．少し一般的に言い換えます．たとえば a_{11} に注目します．このとき a_{22} は，a_{11} を起点にして横（以下横の数字の並びを<u>行</u>という．一般に上から数えて第 i 行という）にも縦（以下縦の数字の並びを<u>列</u>という．一般に左から数えて第 j 列という）にも並ばない成分と見ることができます．同じ論理は a_{11} の右隣にある a_{12} についても当てはまります．a_{12} にかける成分が a_{21} なのは，これを起点にして第 1 行にも第 2 列にも並ばない成分だからです（この考え方は n 元 1 次連立方程式の場合にも適応できます）．こうして分かった(1-2)式分母と係数の配置を対応させて，

$$a_{11}a_{22}-a_{12}a_{21} \equiv \begin{vmatrix} a_{11} & a_{12} \\ a_{21} & a_{22} \end{vmatrix} \tag{1-3a}$$

と書くことにします．これを（2 次の）**行列式**といいます．

　(1-2)式分母が(1-3a)式のような対応があるとすれば，分子についても同様の対応があるのではと考えるのが自然です．たとえば(1-2a)式分子に注目すると，a_{12}, a_{22} が(1-3a)式右辺と同じ位置に配置されるならば，

$$a_{22}b_1-a_{12}b_2 = \begin{vmatrix} b_1 & a_{12} \\ b_2 & a_{22} \end{vmatrix} \tag{1-3b}$$

という対応が成立します．これと(1-3a)式右辺を比べると，第 1 列にある係数の並び $\begin{pmatrix} a_{11} \\ a_{21} \end{pmatrix}$ が(1-1)式における定数項の並び $\begin{pmatrix} b_1 \\ b_2 \end{pmatrix}$ に置き換わった形になっています．同じことは(1-2b)式分子にも言えて，

$$a_{11}b_2 - a_{21}b_1 = \begin{vmatrix} a_{11} & b_1 \\ a_{21} & b_2 \end{vmatrix} \tag{1-3c}$$

となります．この場合は第2列にある係数の並び $\begin{pmatrix} a_{12} \\ a_{22} \end{pmatrix}$ が $\begin{pmatrix} b_1 \\ b_2 \end{pmatrix}$ に置き換わった形になっています．以上の対応を使って(1-2)式を書き換えると，

$$x = \frac{\begin{vmatrix} b_1 & a_{12} \\ b_2 & a_{22} \end{vmatrix}}{\begin{vmatrix} a_{11} & a_{12} \\ a_{21} & a_{22} \end{vmatrix}}, \quad y = \frac{\begin{vmatrix} a_{11} & b_1 \\ a_{21} & b_2 \end{vmatrix}}{\begin{vmatrix} a_{11} & a_{12} \\ a_{21} & a_{22} \end{vmatrix}} \tag{1-4}$$

と行列式を使って解を表現することができ，これが連立方程式の解の公式であるクラメールの公式です．x は(1-1)式左辺第1項にある内生変数なので定数項の配置は第1列に，y は第2項にある内生変数なので定数項の配置は第2列にくる対応になっています．

　クラメールの公式は容易に n 元1次連立方程式に拡張できるのですが，念のため3元1次連立方程式でもこの公式が成り立つことを確認しましょう．

　x, y, z を内生変数とする連立方程式，

$$\begin{cases} a_{11}x + a_{12}y + a_{13}z = b_1 \\ a_{21}x + a_{22}y + a_{23}z = b_2 \\ a_{31}x + a_{32}y + a_{33}z = b_3 \end{cases} \tag{1-5}$$

を解きます．しかし現時点でこれに対応するクラメールの公式の形を知りません．そこで1つ変数を消去して(1-4)式に持ち込みましょう．たとえば(1-5)の第3式を z について解いたもの $z = (b_3 - a_{31}x - a_{32}y)/a_{33}$ を第1式および第2式に代入して整理します．

$$\begin{cases} (a_{11}a_{33} - a_{13}a_{31})x + (a_{12}a_{33} - a_{13}a_{32})y = a_{33}b_1 - a_{13}b_3 \\ (a_{21}a_{33} - a_{23}a_{31})x + (a_{22}a_{33} - a_{23}a_{32})y = a_{33}b_2 - a_{23}b_3 \end{cases}$$

こうして(1-4)式が適応できます．結果が複雑なので x のみを示します（ただし分母の値はゼロではないとします）．

$$x = \frac{(a_{22}a_{33} - a_{23}a_{32})(a_{33}b_1 - a_{13}b_3) - (a_{12}a_{33} - a_{13}a_{32})(a_{33}b_2 - a_{23}b_3)}{(a_{11}a_{33} - a_{13}a_{32})(a_{22}a_{33} - a_{23}a_{32}) - (a_{12}a_{33} - a_{13}a_{32})(a_{21}a_{33} - a_{23}a_{31})}$$

$$= \frac{a_{22}a_{33}b_1 + a_{13}a_{32}b_2 + a_{12}a_{23}b_3 - a_{13}a_{22}b_3 - a_{12}a_{33}b_2 - a_{23}a_{32}b_1}{a_{11}a_{22}a_{33} + a_{12}a_{23}a_{31} + a_{13}a_{21}a_{32} - a_{13}a_{22}a_{31} - a_{12}a_{21}a_{33} - a_{11}a_{23}a_{32}}$$

この場合にも答えの分母は (1-5) 式左辺の係数のみから計算されています．こ

の結果と係数の配置 $\begin{pmatrix} a_{11} & a_{12} & a_{13} \\ a_{21} & a_{22} & a_{23} \\ a_{31} & a_{32} & a_{33} \end{pmatrix}$ との対応を考えましょう．そのために

分母を a_{11}, a_{12}, a_{13} のある項でまとめます．

$$a_{11}(a_{22}a_{33} - a_{23}a_{32}) - a_{12}(a_{21}a_{33} - a_{23}a_{31}) + a_{13}(a_{21}a_{32} - a_{22}a_{31})$$

そして先に示した一般的考え方を当てはめます．まず第 1 項の（　）内は a_{11}

を起点にして第 1 行にも第 1 列にもない係数の配置 $\begin{pmatrix} a_{22} & a_{23} \\ a_{32} & a_{33} \end{pmatrix}$ から計算され

る行列式になっており，これを（2 次の）**小行列式**といいます．同じ要領で行

くと，第 2 項の（　）内は a_{12} を起点にして第 1 行にも第 2 列にもない係数の

配置 $\begin{pmatrix} a_{21} & a_{23} \\ a_{31} & a_{33} \end{pmatrix}$ の行列式，そして第 3 項の（　）内は a_{13} を起点にして第 1

行にも第 3 列にもない係数の配置 $\begin{pmatrix} a_{21} & a_{22} \\ a_{31} & a_{32} \end{pmatrix}$ の行列式となっています．よっ

て計算結果と係数の配置を対応させて，

$$a_{11}a_{22}a_{33} + a_{12}a_{23}a_{31} + a_{13}a_{21}a_{32} - a_{13}a_{22}a_{31} - a_{12}a_{21}a_{33} - a_{11}a_{23}a_{32} = \begin{vmatrix} a_{11} & a_{12} & a_{13} \\ a_{21} & a_{22} & a_{23} \\ a_{31} & a_{32} & a_{33} \end{vmatrix}$$

と書くことができ，これも（3 次の）行列式になります．[1]

　分子に関しては定数項 b_1, b_2, b_3 のある項でまとめて上記の対応を考えると，

$$a_{22}a_{33}b_1 + a_{13}a_{32}b_2 + a_{12}a_{23}b_3 - a_{13}a_{22}b_3 - a_{12}a_{33}b_2 - a_{23}a_{32}b_1 = \begin{vmatrix} b_1 & a_{12} & a_{13} \\ b_2 & a_{22} & a_{23} \\ b_3 & a_{32} & a_{33} \end{vmatrix}$$

と書くことができます．x は (1-5) 式左辺第 1 項にある変数なので，係数の配

置から第 1 列の配置を定数項の並びに置き換えた形になっており，2 元 1 次連

1）　前半 3 項は（どの行および列からも 1 つだけ選んで）左上から右下へ成分の積を行
　　い，後半 3 項は（どの行および列からも 1 つだけ選んで）右上から左下へ成分の積を
　　行っています．この行列式の計算パターンが単純なので，特にこれを**サラスの公式**と
　　いいます．ただしこれは成分が 3 行 3 列に配置されている場合にのみ適応されるもの
　　で，注意が必要です．

立方程式と同じ構造を持つことが分かります．よって(1-5)式を満たす x, y, z は，

$$
x = \frac{\begin{vmatrix} b_1 & a_{12} & a_{13} \\ b_2 & a_{22} & a_{23} \\ b_3 & a_{32} & a_{33} \end{vmatrix}}{\begin{vmatrix} a_{11} & a_{12} & a_{13} \\ a_{21} & a_{22} & a_{23} \\ a_{31} & a_{32} & a_{33} \end{vmatrix}}, \quad y = \frac{\begin{vmatrix} a_{11} & b_1 & a_{13} \\ a_{21} & b_2 & a_{23} \\ a_{31} & b_3 & a_{33} \end{vmatrix}}{\begin{vmatrix} a_{11} & a_{12} & a_{13} \\ a_{21} & a_{22} & a_{23} \\ a_{31} & a_{32} & a_{33} \end{vmatrix}}, \quad z = \frac{\begin{vmatrix} a_{11} & a_{12} & b_1 \\ a_{21} & a_{22} & b_2 \\ a_{31} & a_{32} & b_3 \end{vmatrix}}{\begin{vmatrix} a_{11} & a_{12} & a_{13} \\ a_{21} & a_{22} & a_{23} \\ a_{31} & a_{32} & a_{33} \end{vmatrix}} \tag{1-6}
$$

と書くことができます．これが3元1次連立方程式に対応するクラメールの公式です．これをみても，連立方程式で変数のでる順番と分子における定数項の並びの配置に対応関係があることが分かります．

1．2．行列式の計算 ～余因数展開～

さて先ほどの説明で，行列式の計算結果に係数の配置の一部からなる小行列式が含まれていることをみました．ここで，成分 a_{ij} で括りだした際の小行列式を D_{ij} と書くことにすると，係数の配置から計算される行列式は，

$$
\begin{vmatrix} a_{11} & a_{12} & a_{13} \\ a_{21} & a_{22} & a_{23} \\ a_{31} & a_{32} & a_{33} \end{vmatrix} = a_{11}D_{11} - a_{12}D_{12} + a_{13}D_{13} \tag{1-7a}
$$

と書くことができます．ここで右辺に注目すると，第2項のみが前にマイナスがついています．なぜでしょう？厳密な証明はあるのですが，ここではそれを避けて a_{ij} の下添え字 i, j に目をつけます．すると右辺第2項のみ $i+j$ の値が奇数になっており，他の項は偶数になっています．つまり $i+j$ が偶数（奇数）のときに小行列式の前につく符号がプラス（マイナス）に対応しています．そこでこの関係を $(-1)^{i+j}D_{ij}$ とかき，これに A_{ij} という記号を与えます[2]．これを成分 a_{ij} の**余因数**とよび，(1-7a)式を書き換えた，

2）　$i + j$ が奇数のとき D_{12} は，

$$
-\begin{vmatrix} a_{21} & a_{23} \\ a_{31} & a_{33} \end{vmatrix} = a_{23}a_{31} - a_{21}a_{33} = \begin{vmatrix} a_{23} & a_{21} \\ a_{33} & a_{31} \end{vmatrix}
$$

となります．ここで右辺に注目すると，もとの行列式の第1列と第2列を入れ替えたものになっています．一般に行列式の計算で第 i 列（行）と第 j 列（行）を入れ替えたものの行列式は，入れ替える前の行列式にマイナスをつけたものに一致する性質をもちます．

$$\begin{vmatrix} a_{11} & a_{12} & a_{13} \\ a_{21} & a_{22} & a_{23} \\ a_{31} & a_{32} & a_{33} \end{vmatrix} = a_{11}A_{11} + a_{12}A_{12} + a_{13}A_{13} \tag{1-7b}$$

のことを，行列式の（第1行に沿った）**余因数展開**といいます．余因数展開は
ジグザグに a_{ij} を選ばない限り，任意の行や列に沿って展開することができま
す．

　以上の解説から分かる例題についてみていきましょう．

例題1

① 連立方程式 $\begin{cases} x - 3y + 2z = 1 \\ \qquad\quad z = 2 \\ 2x - y \qquad = -1 \end{cases}$ を解きなさい．

〔H17年度　東北大学（改題）〕

② 連立方程式 $\begin{cases} x_1 - x_2 - 3x_3 = 0 \\ 2x_1 - 2x_2 - 6x_3 = 0 \\ 3x_1 - 3x_2 - 9x_3 = 0 \end{cases}$ を解きなさい．

〔H19年度　東北大学〕

---

　①　第2式で $z = 2$ と分かっているので，これを第1式に代入して x, y に関
する連立方程式を作れば簡単です．でもせっかくですから，(1-6)式と(1-7a)
式を利用しましょう．

$$x = \frac{\begin{vmatrix} 1 & -3 & 2 \\ 2 & 0 & 1 \\ -1 & -1 & 0 \end{vmatrix}}{\begin{vmatrix} 1 & -3 & 2 \\ 0 & 0 & 1 \\ 2 & -1 & 0 \end{vmatrix}} = \frac{2\begin{vmatrix} 2 & 0 \\ -1 & -1 \end{vmatrix} - \begin{vmatrix} 1 & -3 \\ -1 & -1 \end{vmatrix}}{-\begin{vmatrix} 1 & -3 \\ 2 & -1 \end{vmatrix}} = 0$$

$$y = \frac{\begin{vmatrix} 1 & 1 & 2 \\ 0 & 2 & 1 \\ 2 & -1 & 0 \end{vmatrix}}{\begin{vmatrix} 1 & -3 & 2 \\ 0 & 0 & 1 \\ 2 & -1 & 0 \end{vmatrix}} = \frac{\begin{vmatrix} 2 & 1 \\ -1 & 0 \end{vmatrix} + 2\begin{vmatrix} 1 & 2 \\ 2 & 1 \end{vmatrix}}{-\begin{vmatrix} 1 & -3 \\ 2 & -1 \end{vmatrix}} = 1$$

$$z = \frac{\begin{vmatrix} 1 & -3 & -1 \\ 0 & 0 & 2 \\ 2 & -1 & -1 \end{vmatrix}}{\begin{vmatrix} 1 & -3 & 2 \\ 0 & 0 & 1 \\ 2 & -1 & 0 \end{vmatrix}} = \frac{-2\begin{vmatrix} 1 & -3 \\ 2 & -1 \end{vmatrix}}{-\begin{vmatrix} 1 & -3 \\ 2 & -1 \end{vmatrix}} = 2$$

② (1-6)式を使うと（すべての式の定数項がゼロなので）答えはゼロといえそうです．ただしこれは分母の行列式がゼロではないときのみ言えることです．そこで係数の配置から計算される行列式，

$$\begin{vmatrix} 1 & -1 & -3 \\ 2 & -2 & -6 \\ 3 & -3 & -9 \end{vmatrix}$$

を求めてみましょう．上の行列式第2行に注目すると，その成分のすべては共通の因数2をもっています．行列式の計算において，同じ行（列）にある成分が複数選ばれることはありませんでした．この事実はある行（列）にある共通因数は，行列式の外に括り出せることを意味します．同じ考えで第3行を眺めると共通因数3があることが分かり，これも行列式の外に括り出せます．よってこの行列式は，

$$6\begin{vmatrix} 1 & -1 & -3 \\ 1 & -1 & -3 \\ 1 & -1 & -3 \end{vmatrix}$$

とすべての行に同じ成分が並びます．ところが一般に第i行（列）と第j行（列）に同じ成分が並んだ行列式の値はゼロになります．実際に計算すると，

$$\begin{vmatrix} 1 & -1 & -3 \\ 1 & -1 & -3 \\ 1 & -1 & -3 \end{vmatrix} = \begin{vmatrix} -1 & -3 \\ -1 & -3 \end{vmatrix} - \begin{vmatrix} -1 & -3 \\ -1 & -3 \end{vmatrix} + \begin{vmatrix} -1 & -3 \\ -1 & -3 \end{vmatrix} = 0$$

となります．この結果は3本ある方程式は$x_1 = x_2 + 3x_3$に集約され，これを満たす内生変数の組合せであればいくらでも解が存在する，言い換えると与式を満たす解は一意に存在しないのです．この結果を一般化すると，定数項がすべてゼロであるn元1次連立方程式において$x_1 = \cdots = x_n = 0$以外の解を持つとき，係数から計算される行列式の値はゼロであることを意味します．[3)]

2．ベクトルと行列の基本演算

　ベクトルは元々物理学の概念で，物体の動く方向を矢印で，その物体に及ぶ力の大きさを線分の長さで表現したものです．高校数学では $\vec{a}, \vec{b}$ と表現（これを幾何ベクトルともいう）していましたが，ここでは平面（あるいは空間）上の座標として捉えることにします．たとえば平面上の座標を与えたとき，定点（通常は原点）からの向きと大きさが分かります．いまこれを，

$$a = (a_1 \quad a_2)$$

とあらわすとき，これを**行**（ないしは**横**）**ベクトル**，

$$a = \begin{pmatrix} a_1 \\ a_2 \end{pmatrix}$$

とあらわすとき，これを**列**（ないしは**縦**）**ベクトル**といいます．ここでは成分が2個の2次元ベクトル，ないしは成分が3個の3次元ベクトルを考察の中心にします．なお特殊なベクトルとして，成分がすべてゼロであるベクトル $a=$ (0 　0) を**ゼロベクトル**（以下 **0**），長さが1のベクトル（$a=$(1 　0)，$a=$ (0 　1) など）を**単位ベクトル**（以下 e）とよびます．

　他方 n 次元行ベクトルを縦に m 個並べたもの，あるいは m 次元列ベクトルを横に n 個並べたもの，

$$A = \begin{pmatrix} a_{11} & a_{12} & \cdots & a_{1n} \\ a_{21} & a_{22} & \cdots & a_{2n} \\ \vdots & \vdots & \cdots & \vdots \\ a_{m1} & a_{m2} & \cdots & a_{mn} \end{pmatrix}$$

を（$m \times n$ 型）**行列**といいます．ただしここでは $m=n$，すなわち縦と横に同じ数の成分が並んだ**正方行列**，特に直感と今後の内容との対応で2×2型ないしは3×3型を中心に解説していきます．なお特殊な正方行列として，すべての成分がゼロであるもの，

---

3)　この結果を**消去法の原理**といいます．
4)　正確にはベクトルの長さを**ノルム**といいます．

$$\begin{pmatrix} 0 & 0 \\ 0 & 0 \end{pmatrix} \quad \begin{pmatrix} 0 & 0 & 0 \\ 0 & 0 & 0 \\ 0 & 0 & 0 \end{pmatrix}$$

を**ゼロ行列** O，左上隅から右下隅の対角線上に並ぶ対角成分のすべてが 1 で，それ以外のすべての成分がゼロであるもの，

$$\begin{pmatrix} 1 & 0 \\ 0 & 1 \end{pmatrix} \quad \begin{pmatrix} 1 & 0 & 0 \\ 0 & 1 & 0 \\ 0 & 0 & 1 \end{pmatrix}$$

を**単位行列** I といいます．これを念頭に，ここではベクトルと行列の基本演算についてみていくことにしましょう．

2．1．和とスカラー倍

まずベクトルおよび行列における和とスカラー（実数）倍の演算を定義します．
2 つのベクトル $\boldsymbol{a} = (a_1 \quad a_2)$，$\boldsymbol{b} = (b_1 \quad b_2)$ が与えられたとき，

$$\boldsymbol{a} + \boldsymbol{b} = (a_1 + b_1 \quad a_2 + b_2)$$

によって和を定義します．[5] つまりベクトルの和は同じ位置にある成分を足せばいいわけです．同様の考え方にたてば，2×2 型の正方行列 $A = \begin{pmatrix} a_{11} & a_{12} \\ a_{21} & a_{22} \end{pmatrix}$，
$B = \begin{pmatrix} b_{11} & b_{12} \\ b_{21} & b_{22} \end{pmatrix}$ において行列の和を，

$$A + B = \begin{pmatrix} a_{11} + b_{11} & a_{12} + b_{12} \\ a_{21} + b_{21} & a_{22} + b_{22} \end{pmatrix}$$

で定義します．
次にベクトル $\boldsymbol{a}$ とスカラー α に対して，

$$\alpha \boldsymbol{a} = \alpha (a_1 \quad a_2) = (\alpha a_1 \quad \alpha a_2)$$

であり，ベクトルの α 倍はすべての成分が α 倍されることを表しています．この考え方は行列も同じで，行列 A とスカラー β との積は，

$$\beta A = \begin{pmatrix} \beta a_{11} & \beta a_{12} \\ \beta a_{21} & \beta a_{22} \end{pmatrix}$$

5） 以下の説明は行ベクトルを用いて行いますが，列ベクトルでも結果は同じです．

で計算されます.[6)]

2. 2. 行列の積と逆行列

他方厳密にベクトルの積はありませんが, 2つのベクトル a, b の同じ位置にある成分の積の和, つまり,

$$a_1 b_1 + a_2 b_2 \equiv (a, b)$$

によってベクトル a, b の**内積**を定義し,

$$(a_1 \quad a_2) \begin{pmatrix} b_1 \\ b_2 \end{pmatrix}$$

と表記します. ベクトルおよび行列の和やスカラー倍した結果はあくまでベクトル・行列なのですが, 内積は数値になることに注意してください.

次に行列同士の積 AB を考えますが, 2×2型行列を例にとれば以下のように定義されます. 積の左側にある2×2型行列 A を行ベクトルが2個縦に, 右側にある 2×2型行列 B を列ベクトルが2個横に並んだものと考え, 2つのベクトルの内積を計算します. そしてその結果を次のように配置したものが行列の積となります.

$$AB = \begin{pmatrix} (a_{11} \quad a_{12}) \begin{pmatrix} b_{11} \\ b_{21} \end{pmatrix} & (a_{11} \quad a_{12}) \begin{pmatrix} b_{12} \\ b_{22} \end{pmatrix} \\ (a_{21} \quad a_{22}) \begin{pmatrix} b_{11} \\ b_{21} \end{pmatrix} & (a_{21} \quad a_{22}) \begin{pmatrix} b_{12} \\ b_{22} \end{pmatrix} \end{pmatrix}$$

$$= \begin{pmatrix} a_{11} b_{11} + a_{12} b_{21} & a_{11} b_{12} + a_{12} b_{22} \\ a_{21} b_{11} + a_{22} b_{21} & a_{21} b_{12} + a_{22} b_{22} \end{pmatrix}$$

もちろん, 行列のかける順番を入れ替えると内積を計算する2つのベクトルの成分が異なりますから, 計算結果も一般に異なります(実際計算して確かめて下さい). ですが特殊な演算結果をもたらす積があります.

$$AB = BA = I \tag{1-8}$$

すなわち行列の積が単位行列となる行列 B が存在するとき, これを行列 A の**逆行列**といい, A^{-1} と書きます. そこで実際に逆行列を計算しましょう.

---

6)　詳細は示しませんが, ベクトルおよび行列の和とスカラー倍に関して実数と同様の演算法則(交換法則・結合法則・分配法則)が成立します.

$$AB = \begin{pmatrix} a_{11}b_{11}+a_{12}b_{21} & a_{11}b_{12}+a_{12}b_{22} \\ a_{21}b_{11}+a_{22}b_{21} & a_{21}b_{12}+a_{22}b_{22} \end{pmatrix} = \begin{pmatrix} 1 & 0 \\ 0 & 1 \end{pmatrix}$$

行列の同じ位置にある成分がすべて等しいときに2つの行列は等しいので，b_{11}, b_{21} のある演算結果に注目して，

$$\begin{cases} a_{11}b_{11}+a_{12}b_{21}=1 \\ a_{21}b_{11}+a_{22}b_{21}=0 \end{cases}$$

そして b_{12}, b_{22} のある演算結果に注目すれば，

$$\begin{cases} a_{11}b_{12}+a_{12}b_{22}=0 \\ a_{21}b_{12}+a_{22}b_{22}=1 \end{cases}$$

という2組の連立方程式が得られます（b_{ij} の係数に注目すると行列 A のすべての成分が入っています）．そこで(1-3a)式にしたがって行列 A の行列式を $|A|$ と書き，そして $|A| \neq 0$ ならば[7](1-4)式より，

$$(b_{11}, b_{21}) = \left(\frac{a_{22}}{|A|}, \frac{-a_{21}}{|A|} \right)$$

$$(b_{12}, b_{22}) = \left(\frac{-a_{12}}{|A|}, \frac{a_{11}}{|A|} \right)$$

と行列 B の各成分が求められます．よって行列 A の逆行列は，

$$B \equiv A^{-1} = \frac{1}{|A|} \begin{pmatrix} a_{22} & -a_{12} \\ -a_{21} & a_{11} \end{pmatrix} \tag{1-9}$$

となります．

　せっかくですから，3×3 型行列の逆行列を計算してみましょう．行列の成分が増えても行列の積の考え方は同じです．

$$AB = \begin{pmatrix} a_{11}b_{11}+a_{12}b_{21}+a_{13}b_{31} & a_{11}b_{12}+a_{12}b_{22}+a_{13}b_{32} & a_{11}b_{13}+a_{12}b_{23}+a_{13}b_{33} \\ a_{21}b_{11}+a_{22}b_{21}+a_{23}b_{31} & a_{21}b_{12}+a_{22}b_{22}+a_{23}b_{32} & a_{21}b_{13}+a_{22}b_{23}+a_{23}b_{33} \\ a_{31}b_{11}+a_{32}b_{21}+a_{33}b_{31} & a_{31}b_{12}+a_{32}b_{22}+a_{33}b_{32} & a_{31}b_{13}+a_{32}b_{23}+a_{33}b_{33} \end{pmatrix}$$

$$= \begin{pmatrix} 1 & 0 & 0 \\ 0 & 1 & 0 \\ 0 & 0 & 1 \end{pmatrix}$$

ここから3組の3元1次連立方程式，

7）　正方行列において，$|A| \neq 0$ すなわちその行列式が非ゼロであるものを**正則行列**，ゼロであるものを**特異行列**といいます．

$$\begin{cases} a_{11}b_{11}+a_{12}b_{21}+a_{13}b_{31}=1 \\ a_{21}b_{11}+a_{22}b_{21}+a_{23}b_{31}=0 \\ a_{31}b_{11}+a_{32}b_{21}+a_{33}b_{31}=0 \end{cases}$$

$$\begin{cases} a_{11}b_{12}+a_{12}b_{22}+a_{13}b_{32}=0 \\ a_{21}b_{12}+a_{22}b_{22}+a_{23}b_{32}=1 \\ a_{31}b_{12}+a_{32}b_{22}+a_{33}b_{32}=0 \end{cases}$$

$$\begin{cases} a_{11}b_{13}+a_{12}b_{23}+a_{13}b_{33}=0 \\ a_{21}b_{13}+a_{22}b_{23}+a_{23}b_{33}=0 \\ a_{31}b_{13}+a_{32}b_{23}+a_{33}b_{33}=1 \end{cases}$$

がえられます．ここでも行列 A の行列式を $|A|$，かつ $|A| \neq 0$ として(1-6)式より 1 組目の連立方程式の解を計算すると，

$$(b_{11}, b_{21}, b_{31}) = \left(\frac{a_{22}a_{33}-a_{23}a_{32}}{|A|}, \frac{a_{23}a_{31}-a_{21}a_{33}}{|A|}, \frac{a_{21}a_{32}-a_{22}a_{31}}{|A|} \right)$$

となります．ここで各成分の分子に注目すると以下のことが分かります．たとえば b_{11} の分子は（前節の定義から）a_{11} の余因数 A_{11} であることが分かります．同じ要領で他の解を眺めると，b_{21} の分子は a_{12} の余因数 A_{12}，そして b_{31} の分子は a_{13} の余因数 A_{13} であることが分かります．こうして行列 B の成分と行列 A の成分との対応が分かり，逆行列は一般に，

$$A^{-1} = \frac{1}{|A|} \begin{pmatrix} A_{11} & A_{21} & A_{31} \\ A_{12} & A_{22} & A_{32} \\ A_{13} & A_{23} & A_{33} \end{pmatrix} \tag{1-10}$$

と書くことができます[8]．

以上の知識からすぐ分かる例題を見ていくことにしましょう．

例題 2

① 行列 $A = \begin{pmatrix} 1 & 0 \\ 1 & 2 \end{pmatrix}$ に対して A^n を求めなさい．

〔H16年度　大阪市立大学（改題）〕

② 行列 $A = \begin{pmatrix} 2 & -2 & 4 \\ -1 & 3 & 4 \\ 1 & -2 & -3 \end{pmatrix}$ であるとき，A^2 を求めよ．

8）　行列 A における各成分の余因数からなる行列を**余因数行列**といいます．

〔H12年度　大阪市立大学〕

③　行列 $A = \begin{pmatrix} 1 & -3 & 2 \\ 0 & 0 & 1 \\ -1 & 0 & 2 \end{pmatrix}$ の逆行列を求めよ．

〔H17年度　東北大学（改題）〕

① 実際に計算して法則性があるかどうか見てみましょう．

$$A^2 = \begin{pmatrix} 1 & 0 \\ 1 & 2 \end{pmatrix}\begin{pmatrix} 1 & 0 \\ 1 & 2 \end{pmatrix} = \begin{pmatrix} 1 & 0 \\ 3 & 4 \end{pmatrix}$$

$$A^3 = A^2 A = \begin{pmatrix} 1 & 0 \\ 3 & 4 \end{pmatrix}\begin{pmatrix} 1 & 0 \\ 1 & 2 \end{pmatrix} = \begin{pmatrix} 1 & 0 \\ 7 & 8 \end{pmatrix}$$

$$A^4 = A^3 A = \begin{pmatrix} 1 & 0 \\ 7 & 8 \end{pmatrix}\begin{pmatrix} 1 & 0 \\ 1 & 2 \end{pmatrix} = \begin{pmatrix} 1 & 0 \\ 15 & 16 \end{pmatrix}$$

この結果を見ると，第1列は $(1\ \ 0)$ で変わりません．他方第2列の第2成分に注目すると 2^n であり，そこから1を引くと第1成分になっていることが分かります．よって答えは，

$$A^n = \begin{pmatrix} 1 & 0 \\ 2^n - 1 & 2^n \end{pmatrix}$$

となります．

② 定義どおりに計算します．

$$A^2 = \begin{pmatrix} 2 & -2 & 4 \\ -1 & 3 & 4 \\ 1 & -2 & -3 \end{pmatrix}\begin{pmatrix} 2 & -2 & 4 \\ -1 & 3 & 4 \\ 1 & -2 & -3 \end{pmatrix} = \begin{pmatrix} 10 & -18 & -12 \\ -1 & 3 & -4 \\ 1 & -2 & 5 \end{pmatrix}$$

③ まず与えられた行列の行列式を計算します．

$$\begin{vmatrix} 1 & -3 & 2 \\ 0 & 0 & 1 \\ -1 & 0 & 2 \end{vmatrix} = 3\begin{vmatrix} 0 & 1 \\ -1 & 2 \end{vmatrix} = 3$$

よって逆行列は存在します．次に(1-10)式に当てはめるために，各成分の余因数を計算します．

$$A_{11} = \begin{vmatrix} 0 & 1 \\ 0 & 2 \end{vmatrix} = 0, \quad A_{21} = -\begin{vmatrix} -3 & 2 \\ 0 & 2 \end{vmatrix} = 6, \quad A_{31} = \begin{vmatrix} -3 & 2 \\ 0 & 1 \end{vmatrix} = -3$$

$$A_{12}=-\begin{vmatrix} 0 & 1 \\ -1 & 2 \end{vmatrix}=-1,\quad A_{22}=\begin{vmatrix} 1 & 2 \\ -1 & 2 \end{vmatrix}=4,\quad A_{32}=-\begin{vmatrix} 1 & 2 \\ 0 & 1 \end{vmatrix}=-1$$

$$A_{13}=\begin{vmatrix} 0 & 0 \\ -1 & 0 \end{vmatrix}=0,\quad A_{23}=-\begin{vmatrix} 1 & -3 \\ -1 & 0 \end{vmatrix}=3,\quad A_{33}=\begin{vmatrix} 1 & -3 \\ 0 & 0 \end{vmatrix}=0$$

よって答えは，

$$A^{-1}=\frac{1}{3}\begin{pmatrix} 0 & 6 & -3 \\ -1 & 4 & -1 \\ 0 & 3 & 0 \end{pmatrix}$$

となります。[9]

3．写像

行列 $A=\begin{pmatrix} a_{11} & a_{12} \\ a_{21} & a_{22} \end{pmatrix}$ とベクトル $\boldsymbol{x}=\begin{pmatrix} x_1 \\ x_2 \end{pmatrix}$ の演算 $A\boldsymbol{x}$,

$$\begin{pmatrix} a_{11} & a_{12} \\ a_{21} & a_{22} \end{pmatrix}\begin{pmatrix} x_1 \\ x_2 \end{pmatrix}=\begin{pmatrix} a_{11}x_1+a_{12}x_2 \\ a_{21}x_1+a_{22}x_2 \end{pmatrix}$$

を考えます。この結果は，$\boldsymbol{x}$ が行列 A によって別なベクトル $\begin{pmatrix} a_{11}x_1+a_{12}x_2 \\ a_{21}x_1+a_{22}x_2 \end{pmatrix}$ に変換されたことを表します。一般に行列はあるベクトルを別なベクトルに変換する，すなわち関数における演算 f と同じ役割をもちます。こうした行列によるベクトルの変換を**写像**といいます。本節ではこれに関連する事項をみていくことにします。

3．1．連立方程式再論

写像自体はいろいろなパターンがありますが，適当に選んだベクトル $\boldsymbol{x}$ が特定のベクトル $\boldsymbol{b}=\begin{pmatrix} b_1 \\ b_2 \end{pmatrix}$ に変換される $A\boldsymbol{x}=\boldsymbol{b}$ という写像を考えます。これを書き下すと，

---

[9]　この結果が正しいかどうかを検算してみましょう。
$$AA^{-1}=\frac{1}{3}\begin{pmatrix} 1 & -3 & 2 \\ 0 & 0 & 1 \\ -1 & 0 & 2 \end{pmatrix}\begin{pmatrix} 0 & 6 & -3 \\ -1 & 4 & -1 \\ 0 & 3 & 0 \end{pmatrix}=\frac{1}{3}\begin{pmatrix} 3 & 0 & 0 \\ 0 & 3 & 0 \\ 0 & 0 & 3 \end{pmatrix}=I$$
これで確認できました。

$$\begin{pmatrix} a_{11}x_1 + a_{12}x_2 \\ a_{21}x_1 + a_{22}x_2 \end{pmatrix} = \begin{pmatrix} b_1 \\ b_2 \end{pmatrix}$$

となって，成分ごとにみれば2元1次連立方程式に一致します．こうして連立方程式は x を b に移す写像であると見ることができます[10]．

そこで $Ax = b$ の両辺に左側から逆行列 A^{-1} をかけます．すると左辺は逆行列の定義より x になり，$x = A^{-1}b$ は連立方程式の解になるわけです．

これを使った例題を見ていくことにします．

例題 3

以下の連立方程式に関して，設問に答えよ．

$$\begin{cases} 3x + y = 6 \\ 4x + 2y = 4 \end{cases}$$

①　係数行列の行列式を求めなさい．

②　逆行列を求めなさい．

③　連立方程式の解を求めなさい．

〔H14年度　兵庫県立大学〕

係数行列とは与式左辺にある係数を配置はそのままに取り出して作った行列です．ここでは係数行列 $\begin{pmatrix} 3 & 1 \\ 4 & 2 \end{pmatrix}$ を A としておきます．

①　(1-3a)式がそのまま利用でき，$|A| = 2$ となります．

②　(1-9)式がそのまま利用でき，$A^{-1} = \dfrac{1}{2}\begin{pmatrix} 2 & -1 \\ -4 & 3 \end{pmatrix}$ となります．

③　(1-4)式を使っても構いませんが，②で逆行列を計算してますからこれを利用しましょう．

$$\begin{pmatrix} x \\ y \end{pmatrix} = \frac{1}{2}\begin{pmatrix} 2 & -1 \\ -4 & 3 \end{pmatrix}\begin{pmatrix} 6 \\ 4 \end{pmatrix} = \begin{pmatrix} 4 \\ -6 \end{pmatrix}$$

---

10)　行列 A を $a_1 = \begin{pmatrix} a_{11} \\ a_{21} \end{pmatrix}$ と $a_2 = \begin{pmatrix} a_{12} \\ a_{22} \end{pmatrix}$ の2つのベクトルに分割すると，$x_1 a_1 + x_2 a_2 = b$ と表現することができます．これは b を2つのベクトル a_1, a_2 を使って表現可能であることを意味し，これを<u>線型結合</u>といいます．

3．2．固有値と固有ベクトル

　さて例題 3 の答えは，行列 A によってベクトル $\begin{pmatrix} 4 \\ -6 \end{pmatrix}$ が上に回転してベ

クトル $\begin{pmatrix} 6 \\ 4 \end{pmatrix}$ 変換されたことを表しています．一般に行列によるベクトルの写

像はもとのベクトルを回転・伸縮など，さまざまな形に変換できます．でも行列によってはあるベクトルが回転せず，（同方向ないしは逆方向に）伸縮だけさせる特殊なものがあります．これは λ をスカラーとすれば，ベクトル x が行列 A によって $Ax = \lambda x$ に変換されることを意味します．ここで右辺を移項して単位行列を使えば，

$$(\lambda I - A)x = 0 \tag{1-11}$$

という関係式が得られます．もし x がゼロベクトルならばこの関係式は自明ですが，そうでないならば，例題 1 の②より (1-11) 左辺の行列式 $|\lambda I - A|$ がゼロでなくてはなりません．行列 A が 2×2 型の場合，この行列式は，

$$\begin{vmatrix} \lambda - a_{11} & -a_{12} \\ -a_{21} & \lambda - a_{22} \end{vmatrix} = \lambda^2 - (a_{11} + a_{22})\lambda + a_{11}a_{22} - a_{12}a_{21} = 0 \tag{1-12}$$

という λ の 2 次方程式になって，その解は，

$$\lambda = \frac{a_{11} + a_{22} \pm \sqrt{(a_{11} - a_{22})^2 + 4a_{12}a_{21}}}{2} \tag{1-13}$$

となります．このとき (1-12) 式のことを**固有方程式**，その解である (1-13) 式を**固有値**といいます．

　固有方程式が 2 次方程式である場合，その固有値は（複素数を含めて）一般に 2 個存在します．ということは各固有値に応じて $Ax = \lambda x$ を満足する x が存在するはずで，これを**固有ベクトル**といいます．そこでこれに関連する例題を見ていきましょう．

例題 4

①　行列 $A = \begin{pmatrix} -1 & 3 \\ 2 & 0 \end{pmatrix}$ の固有値と固有ベクトルを求めなさい．

〔H12年度　大阪市立大学〕

---

② 行列 $A = \begin{pmatrix} 1 & -3 & -1 \\ -1 & -1 & -1 \\ 2 & 1 & 2 \end{pmatrix}$ の固有値と固有ベクトルを求めなさい。

〔H19年度　東北大学（改題）〕

① 固有方程式は，

$$\begin{vmatrix} \lambda+1 & -3 \\ -2 & \lambda \end{vmatrix} = (\lambda-2)(\lambda+3) = 0$$

であって，$\lambda = -3, 2$ が固有値となります．そしてこの固有値を個別対応させて固有ベクトルを求めます．

求める固有ベクトルを $\begin{pmatrix} x \\ y \end{pmatrix}$ とします．まず $\lambda = -3$ のとき，(1-11)式は，

$$\begin{pmatrix} -2 & -3 \\ -2 & -3 \end{pmatrix} \begin{pmatrix} x \\ y \end{pmatrix} = \begin{pmatrix} -2x-3y \\ -2x-3y \end{pmatrix} = \begin{pmatrix} 0 \\ 0 \end{pmatrix}$$

であり，$y = -(2/3)x$ という成分間の関係性が見出せます．これは $\begin{pmatrix} x \\ y \end{pmatrix} = x \begin{pmatrix} 1 \\ -2/3 \end{pmatrix}$ と表現でき，さらに α をゼロでない任意の定数として $x = 3\alpha$ とおけば，

$$\begin{pmatrix} x \\ y \end{pmatrix} = \alpha \begin{pmatrix} 3 \\ -2 \end{pmatrix}$$

これが $\lambda = -3$ に対応する固有ベクトルになります．この固有ベクトルは直線 $y = -(2/3)x$ に一致するベクトルであることを意味しています．

同じ要領で $\lambda = 2$ に対応する固有ベクトルを求めましょう．

$$\begin{pmatrix} 3 & -3 \\ -2 & 2 \end{pmatrix} \begin{pmatrix} x \\ y \end{pmatrix} = \begin{pmatrix} 3x-3y \\ -2x+2y \end{pmatrix} = \begin{pmatrix} 0 \\ 0 \end{pmatrix}$$

であり，$y = x$ という成分間の関係が得られます．ここで β をゼロでない任意の定数とすると，

$$\begin{pmatrix} x \\ y \end{pmatrix} = \beta \begin{pmatrix} 1 \\ 1 \end{pmatrix}$$

となり，これがもう１つの固有ベクトルになります．このベクトルのもつ意味

は先ほどと同じで，直線 $y=x$ に一致するベクトルとなります．

② 3×3 型の行列ですが，考え方は同じです．この場合の固有方程式は，

$$\begin{vmatrix} \lambda-1 & 3 & 1 \\ 1 & \lambda+1 & 1 \\ -2 & -1 & \lambda-2 \end{vmatrix} = (\lambda-2)(\lambda-1)(\lambda+1) = 0$$

となって，$\lambda = 2, \pm 1$ の 3 つが固有値になります．

ここで求める固有ベクトルを $\begin{pmatrix} x \\ y \\ z \end{pmatrix}$ とします．$\lambda = -1$ のとき (1-11) 式は，

$$\begin{pmatrix} -2 & 3 & 1 \\ 1 & 0 & 1 \\ -2 & -1 & -3 \end{pmatrix} \begin{pmatrix} x \\ y \\ z \end{pmatrix} = \begin{pmatrix} -2x+3y+z \\ x+z \\ -2x-y-3z \end{pmatrix} = \begin{pmatrix} 0 \\ 0 \\ 0 \end{pmatrix}$$

となります．ここで第 2 成分から $z=-x$ であって，これを第 1 および第 3 成分に代入して，これらで作られるベクトルの関係式は $\begin{pmatrix} -3x+3y \\ x-y \end{pmatrix} = \begin{pmatrix} 0 \\ 0 \end{pmatrix}$

となって，$y=x$ という関係が得られます．よって α をゼロでない任意の定数とすると，

$$\begin{pmatrix} x \\ y \\ z \end{pmatrix} = \alpha \begin{pmatrix} 1 \\ 1 \\ -1 \end{pmatrix}$$

が $\lambda = -1$ に対応する固有ベクトルになります．同じ要領で $\lambda = 1$ のときには，

$$\begin{pmatrix} 3y+z \\ x+2y+z \\ -2x-y-z \end{pmatrix} = \begin{pmatrix} 0 \\ 0 \\ 0 \end{pmatrix}$$

から $x=y, z=-3y$ という関係が得られます．よって，

$$\begin{pmatrix} x \\ y \\ z \end{pmatrix} = \alpha \begin{pmatrix} 1 \\ 1 \\ -3 \end{pmatrix}$$

が $\lambda = 1$ に対応する固有ベクトルになります．最後に $\lambda = 2$ のときには，

$$\begin{pmatrix} x+3y+z \\ x+3y+z \\ -2x-y \end{pmatrix} = \begin{pmatrix} 0 \\ 0 \\ 0 \end{pmatrix}$$

から $y=-2x, z=5x$ という関係が得られます．よって，

$$\begin{pmatrix} x \\ y \\ z \end{pmatrix} = \alpha \begin{pmatrix} 1 \\ -2 \\ 5 \end{pmatrix}$$

が $\lambda=2$ に対応する固有ベクトルになります．

練習問題

問題1

連立方程式，

$$\begin{cases} w+2x\quad -2z=2 \\ -3w+2x+y\ -z=-3 \\ w-x\quad +3z=5 \\ -2x\quad +4z=1 \end{cases}$$

について，以下の問に答えよ．

① 連立方程式が存在するかどうか，係数行列の行列式を求めた上で答えよ．

② 係数行列の逆行列を求めよ．

③ ②で求めた逆行列を使って，連立方程式の解を求めよ．

〔H20年度　東北大学（抜粋）〕

問題2

① 行列 $A=\begin{pmatrix} 2 & -1 \\ -1 & 2 \end{pmatrix}$ のとき，A^n を求めよ．

〔H14年度　大阪市立大学（改題）〕

② 行列 $A=\begin{pmatrix} 1 & 2 & 1 \\ 2 & 4 & 1 \\ 1 & 1 & 2 \end{pmatrix}$ の逆行列を求めよ．

〔H19年度　東北大学〕

問題3

行列 $\begin{pmatrix} -1 & 6 \\ 1 & 4 \end{pmatrix}$ の固有値とそれに対する固有ベクトルの組をすべて求めよ．

〔H13年度　大阪市立大学〕

問題 4

p, q, r を実数として，行列 A を，

$$A = \begin{pmatrix} p & 0 & 0 \\ -1 & p & 2q^2 \\ 0 & 1 & r \end{pmatrix}$$

とする．

① 行列 A のすべての固有値が実数であることを証明しなさい．

② $r = p + q$ が成立するとして，A の固有値を q と r で表しなさい．

③ $r = p + q$ かつ $q \neq 0$ とし，②で求めたすべての固有値に対する固有ベクトルをそれぞれ求めなさい．

〔H17年度　京都大学〕

第2章

微分法の基礎

　微分法は経済学で想定されるさまざまな関数（効用関数や生産関数など）の性質を特定し，経済主体の目的関数の最大・最小化問題を解き（次章で扱う最適化問題），さらに計算した変数の持つ性質を明らかにする（**比較静学分析**）など，経済分析のあらゆる局面で顔を出してきます．そこで本章では実際に出題された入試問題および後の章で使用する事項に限定して，微分法に関する解説をしていきます．なお本章で扱うすべての関数は滑らかかつ連続な関数を前提します．

1．1変数関数の微分

　まず x を独立変数として，これと関数 f によって定まる従属変数 y との対応関係を表す1変数関数の微分についてみていきます．ここで得られる性質のほとんどが多変数関数の場合にも適応されますので，しっかりと押さえておきましょう．

1．1．予備的考察

　関数 $y = f[x]$ 上に2点 A：$(a, f[a])$，B：$(b, f[b])$ をとります（ただし $a < b$）．そしてA点から横軸に平行に延ばした直線とB点から縦軸に平行に下ろした直線との交点を C：$(b, f[a])$ とします．このとき直角三角形 ABC における $\angle A$ の正接，すなわち，

$$\tan \angle A = \frac{f[b] - f[a]}{b - a}$$

によって AB 間の**平均変化率**を定義します．後の議論のため $b = a + \Delta x$ として，右辺を書き換えておきます[1)]．

$$\frac{f[a+\Delta x]-f[a]}{\Delta x}$$

ここでA点を固定して，B点を限りなくA点に近づけます．この作業は $\Delta x \to$ 0 のときの上式の極限を求めることを意味し，もしこれが存在するならば，

$$\lim_{\Delta x \to 0}\frac{f[a+\Delta x]-f[a]}{\Delta x}\equiv f'[a]$$

によって $f'[a]$ という記号を与えます．これを $y=f[x]$ の $x=a$ における**微分係数**といいます．この演算過程を示した図 2-1 において，$f'[a]$ は $x=a$ における $y=f[x]$ の接線の傾きになっています．そして考察対象になっている関数が滑らか・連続な関数である限り，$x=a$ の取り方は任意なので，

$$f'[x]\equiv\lim_{\Delta x \to 0}\frac{f[x+\Delta x]-f[x]}{\Delta x}=\frac{df[x]}{dx} \tag{2-1}$$

によって微分の定義式が与えられます．$^{2)}$ この演算結果は一般に x に依存する

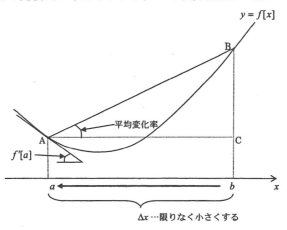

図 2-1　微分の基本的考え方

---

1)　ここで「Δ」はすぐ後ろにつく変数（ここでは x）の変化分を表しており，本書をはじめ経済分析の随所に出てきます．

2)　ここまでの話に関連して，4 点補足しておきます．

① (2-1)式の導出に当たって，図 2-1 のA点の右側にあるB点を動かしました．この計算を右側微分といいます．でも論理としてはB点の左側にあるA点を動かしてもいいはずで，それを通じて得られる演算を左側微分といいます．

② 関数が不連続であるとは，$y=f[x]$ を図示したときに曲線が切れている状況に当たります．この場合，この点において微分は定義できません．だから独立変数の定義域

ので，$f'[x]$ のことを**導関数**といいます．そして $\Delta x \to 0$ のときの $f'[x]$ の極限，

$$\lim_{\Delta x \to 0}\frac{f'[x+\Delta x]-f'[x]}{\Delta x} \equiv f''[x]=\frac{d^2f[x]}{dx^2}$$

が存在すれば，これを $f''[x]$ と書き 2 階導関数とよびます．一般に $f[x]$ を(2-1)式にもとづいて複数回微分したものを**高階導関数**といいます．

1．2．基本的な微分公式

次に(2-1)式をもとに，本書で使用するものに限定して主要な関数の微分公式を導出していきます．

(1) べき関数：$f[x]=x^n$ （n は自然数）

$$f'[x] \equiv \lim_{\Delta x \to 0}\frac{(x+\Delta x)^n-x^n}{\Delta x}$$

の極限を計算します．ここで分子が，

$$(x+\Delta x)^n-x^n=(x+\Delta x-x)\{(x+\Delta x)^{n-1}+(x+\Delta x)^{n-2}x+\cdots$$
$$+(x+\Delta x)x^{n-2}+x^{n-1}\}$$

と因数分解できますから，

$$\lim_{\Delta x \to 0}\frac{(x+\Delta x)^n-x^n}{\Delta x}=\lim_{\Delta x \to 0}\{(x+\Delta x)^{n-1}+\cdots+x^{n-1}\}=nx^{n-1}$$

を通じて $f'[x]=nx^{n-1}$ が得られます．

(2) 対数関数：$f[x]=\log x$ （対数の底は**ネイピア数**の e）

e は次式で定義される数です．

$$e \equiv \lim_{n \to \infty}\left(1+\frac{1}{n}\right)^n=\lim_{h \to 0}(1+h)^{1/h}$$

これを用いて，

のすべてにおいて微分が可能であること，これを保証するために不連続な関数を考察対象から排除，すなわち連続関数が前提されるのです．

③ ですが連続関数を前提しても，ある点において $y=f[x]$ の曲線が屈折するケースがあります．この場合，①で述べた右側微分と左側微分の値は一致しません．逆に，曲線が屈折していない所では右側微分と左側微分の値は一致します．つまり右側微分と左側微分が一致すること，これを保証するため滑らかな関数が前提されるのです．

④ (2-1)式の過程で「Δ」が「d」に変わっています．こうしなければならない理由はないのですが，その解釈として，Δx は図にしたときに目に見える x の変化分，dx は図にしても目に見えないほどの微小な x の変化分と考えるといいでしょう．

$$f'[x] \equiv \lim_{\Delta x \to 0} \frac{\log(x + \Delta x) - \log x}{\Delta x}$$

の極限を計算します．対数法則を利用すれば，

$$\frac{\log(x + \Delta x) - \log x}{\Delta x} = \frac{\log(1 + \Delta x/x)}{x(\Delta x/x)} = \frac{1}{x} \cdot \log\left(1 + \frac{\Delta x}{x}\right)^{1/(\Delta x/x)}$$

と変形できます．ここで $\Delta x/x \equiv h$ とすれば，$\Delta x \to 0$ のとき $h \to 0$ であり，e の定義式を踏まえれば，

$$\lim_{\Delta x \to 0} \frac{1}{x} \cdot \log\left(1 + \frac{\Delta x}{x}\right)^{1/(\Delta x/x)} = \frac{1}{x} \log\left(\lim_{h \to 0}(1 + h)^{1/h}\right) = \frac{1}{x}$$

となり，$f'[x] = 1/x$ が得られます．

(3)　指数関数：$f[x] = e^x$

対数関数の微分公式には，

$$\lim_{h \to 0} \frac{\log(1 + h)}{h} = 1 \tag{2-2}$$

が利用されています．ここで $\log(1 + h) = k$ とおけば $h = e^k - 1$ となります．そして $h \to 0$ のとき $k \to 0$ になることを利用して，$h = e^k - 1$ を (2-2) 式に代入すれば，

$$\lim_{k \to 0} \frac{\log(1 + e^k - 1)}{e^k - 1} = \lim_{k \to 0} \frac{k}{e^k - 1} = 1 \Rightarrow \lim_{k \to 0} \frac{e^k - 1}{k} = 1$$

となります．これを使って指数関数の微分公式が得られます．

$$f'[x] \equiv \lim_{\Delta x \to 0} \frac{e^{x + \Delta x} - e^x}{\Delta x} = e^x \lim_{\Delta x \to 0} \frac{e^{\Delta x} - 1}{\Delta x} = e^x$$

つまり e を底とする指数関数は微分しても形が変わりません．

(4)　三角関数：$f[x] = \sin x,\ f[x] = \cos x$

この微分公式の導出には次の極限値の公式，

$$\lim_{x \to 0} \frac{\sin x}{x} = 1$$

および三角関数の和と積の公式，

$$\sin A - \sin B = 2\cos\frac{A + B}{2}\sin\frac{A - B}{2}$$

$$\cos A - \cos B = -2\sin\frac{A + B}{2}\sin\frac{A - B}{2}$$

から導出されます．まず $f[x] = \sin x$ の微分公式から導出します．[3]

$$f'[x] \equiv \lim_{\Delta x \to 0} \frac{\sin(x + \Delta x) - \sin x}{\Delta x} = \lim_{\Delta x \to 0} \frac{\cos(x + \Delta x/2)\sin(\Delta x/2)}{(\Delta x/2)}$$

$$= \lim_{\Delta x \to 0} \cos\left(x + \frac{\Delta x}{2}\right) \lim_{\Delta x \to 0} \frac{\sin(\Delta x/2)}{(\Delta x/2)} = \cos x$$

ついで $f[x] = \cos x$ の微分公式を導出します．

$$f'[x] \equiv \lim_{\Delta x \to 0} \frac{\cos(x + \Delta x) - \cos x}{\Delta x} = -\lim_{\Delta x \to 0} \frac{\sin(x + \Delta x/2)\sin(\Delta x/2)}{(\Delta x/2)}$$

$$= -\lim_{\Delta x \to 0} \sin\left(x + \frac{\Delta x}{2}\right) \lim_{\Delta x \to 0} \frac{\sin(\Delta x/2)}{(\Delta x/2)} = -\sin x$$

(5)　和（差）関数：$h[x] = f[x] + g[x]$

(6)　積関数：$h[x] = f[x]g[x]$

これらに関しては，次の例題をみていきましょう．

例題1

　関数 $f : R \to R$ および $g : R \to R$ が微分可能ならば，以下のことが成立することを証明しなさい．ただし，「$a \in R$ において $\lim_{\varepsilon \to 0} \dfrac{f[a + \varepsilon] - f[a]}{\varepsilon}$ が存在するとき，関数 f は点 a で微分可能である」と定義する．

　① $h[x] = f[x] + g[x]$ と定義するとき，$h'[x] = f'[x] + g'[x]$ の関係を満たす．

　② $h[x] = f[x]g[x]$ と定義するとき，$h'[x] = f'[x]g[x] + f[x]g'[x]$ の関係を満たす．

〔H15年度　兵庫県立大学〕

---

①　与式を(2-1)式に代入します．

$$h'[x] \equiv \lim_{\Delta x \to 0} \frac{(f[x + \Delta x] + g[x + \Delta x]) - (f[x] + g[x])}{\Delta x}$$

これは関数 f と関数 g のみの極限計算に分割できるので，[4]

3）　三角関数の微分公式の導出には関数 f, g の積の極限に関する演算法則，

$$\lim_{x \to a}(f[x]g[x]) = \lim_{x \to a}f[x]\lim_{x \to a}g[x]$$

が利用されています．

4）　関数 f, g の和と差の極限に関する演算法則，$\lim_{x \to a}(f[x] \pm g[x]) = \lim_{x \to a}f[x] \pm \lim_{x \to a}g[x]$ が成り立つからです．

$$h'[x] = \lim_{\Delta x \to 0} \frac{f[x+\Delta x] - f[x]}{\Delta x} + \lim_{\Delta x \to 0} \frac{g[x+\Delta x] + g[x]}{\Delta x} = f'[x] + g'[x] \quad (2\text{-}3)$$

となり，証明完了です．

②　与式を(2-1)式に代入します．

$$h'[x] \equiv \lim_{\Delta x \to 0} \frac{f[x+\Delta x]g[x+\Delta x] - f[x]g[x]}{\Delta x}$$

ここから直接極限計算できないので，右辺分子第1項に注目して$f[x]g[x+\Delta x]$を加減します．すると分子は $(f[x+\Delta x] - f[x])g[x+\Delta x] + f[x](g[x+\Delta x] - g[x])$ と整理でき，

$$h'[x] = \lim_{\Delta x \to 0} g[x+\Delta x] \lim_{\Delta x \to 0} \frac{f[x+\Delta x] - f[x]}{\Delta x} + f[x] \lim_{\Delta x \to 0} \frac{g[x+\Delta x] - g[x]}{\Delta x}$$

と書き換えることができます．ここで右辺第1項で$\Delta x \to 0$ のとき $g[x+\Delta x] \to g[x]$ に収束し，それ以外の項は(2-1)式から明らかです．よって，

$$h'[x] = f'[x]g[x] + f[x]g'[x] \quad (2\text{-}4)$$

となり，証明完了です．

(7)　分数関数：$h[x] = \dfrac{f[x]}{g[x]}$

$g[x] \neq 0$ であることを前提にして，与式を(2-1)式に代入して通分します．

$$h'[x] \equiv \lim_{\Delta x \to 0} \frac{1}{\Delta x} \frac{f[x+\Delta x]g[x] - f[x]g[x+\Delta x]}{g[x+\Delta x]g[x]}$$

これも直接極限計算できないので，右辺分子第1項に注目して$f[x]g[x]$を加減します．これは $(f[x+\Delta x] - f[x])g[x] - f[x](g[x+\Delta x] - g[x])$ と整理できます．ここから，

$$h'[x] = \lim_{\Delta x \to 0} \frac{1}{g[x+\Delta x]} \lim_{\Delta x \to 0} \frac{f[x+\Delta x] - f[x]}{\Delta x}$$
$$- \frac{f[x]}{g[x]} \lim_{\Delta x \to 0} \frac{1}{g[x+\Delta x]} \lim_{\Delta x \to 0} \frac{g[x+\Delta x] - g[x]}{\Delta x}$$

と書き換えられ，積関数の微分公式と同じ考え方から，

$$h'[x] = \frac{f'[x]g[x] - f[x]g'[x]}{(g[x])^2} \quad (2\text{-}5)$$

が得られます． 5)

以上の微分公式から簡単に計算できる例題をみていくことにします．

例題2

以下の関数を微分しなさい.

① $f[x]=xe^x$ 〔H17年度 東北大学〕

② $f[x]=\dfrac{(1+x)^2}{x^2-1}$ 〔H17年度 東北大学〕

---

① (2-4)式より計算します.

$$f'[x]=(x)'e^x+x(e^x)'=(1+x)\,e^x$$

② 与式は $f[x]=(x+1)/(x-1)$ と約分できるので,これに(2-5)式を適応させます.

$$f'[x]=\frac{((x+1))'(x-1)-(x+1)((x-1))'}{(x-1)^2}=-\frac{2}{(x-1)^2}$$

1. 3. 合成関数の微分公式と対数微分法

たとえば $f[x]=(ax^2+bx+c)^7$ を微分するとき,展開してからべき関数の微分公式を利用できそうですが,それが最善の方法でしょうか?また底が e でない指数関数 $f[x]=a^x$ はどう微分すればいいのでしょうか.これらを解決するのが**合成関数の微分公式**と**対数微分法**です.いずれも経済分析の計算に当たって非常に有効な手段です.

(1) 合成関数の微分公式

$y=f[x]$ が与えられ,x が別な変数 t を独立変数とする関数 $x=g[t]$ で決まるとします.このとき $y=f[g[t]]$ のことを**合成関数**といいます.

$x=g[t]$ 上に点 $a:(t_a,x_a)$ を与えます.すると $y=f[x]$ 上に点 A:$(g[t_a],f[g[t_a]])$ が定まります.このとき t が t_a から Δt だけ変化し,$t_b=t_a+\Delta t$ になったとします.このとき2つの曲線上に点 $b:(t_b,x_b)$,B:$(g[t_b],f[g[t_b]])$ が与えられます.この様子は図2-2に示されており,上の図は $y=f[x]$,

---

5) (2-5)式右辺を $f[x]/g[x]$ でくくり出せば,

$$h'[x]=\frac{f[x]}{g[x]}\left(\frac{f'[x]}{f[x]}-\frac{g'[x]}{g[x]}\right)$$

とでき,こちらの方が公式としては見やすいかもしれません.

下の図は $x=g[t]$ を表しています．

このときの x の変化は ab 間の平均変化率を $g'[t_a]+\varepsilon_1$ として，

$$x_b-x_a\equiv\Delta x=(g'[t_a]+\varepsilon_1)\Delta t \quad\text{(2-6a)}$$

と書くことができます．この変化に対して y も当然変化し，その大きさは AB 間の平均変化率を $f'[g[t_a]]+\varepsilon_2$ として，

$$y_b-y_a\equiv\Delta y=(f'[g[t_a]]+\varepsilon_2)\Delta x$$
$$\text{(2-6b)}$$

で与えられます．ここで(2-6a)式を(2-6b)式に代入して両辺を Δt で割ったもの，

$$\frac{\Delta y}{\Delta t}=(f'[g[t_a]]+\varepsilon_2)(g'[t_a]+\varepsilon_1)$$

の $\Delta t\to 0$ のときの極限を求めます．ここでは図2-2においてa（すなわちA）点を固定した上でb（およびB）点を限りなくa（およびA）点に近づけたとします．この操作で $\varepsilon_1,\varepsilon_2$

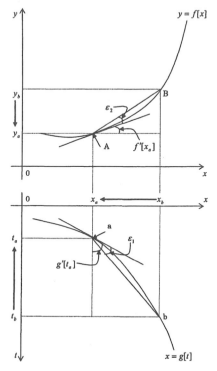

図 2 - 2　　合成関数の微分公式

$\to 0$ となるので，$\Delta y/\Delta t\to f'[g[t_a]]g'[t_a]$ に収束します．これを一般化すれば，

$$\frac{dy}{dt}=f'[g[t]]g'[t] \tag{2-7}$$

が得られ，これが合成関数の微分公式です．この公式は $g'[t]=dx/dt$ および $f'[x]=dy/dx$ であることから，

$$\frac{dy}{dt}=\frac{dy}{dx}\frac{dx}{dt}$$

と書くこともでき，右辺にある dx が分母分子で連結していることから**鎖微分公式**ともいいます．

(2)　対数微分法

合成関数の微分公式を用いれば，対数微分法がただちに分かります．

$y=f[x]$ と y の対数値を従属変数とする関数 $z=\log y$ を考えます．これは $z=\log f[x]$ という合成関数に他なりませんから，(2-7)式より，

$$\frac{dz}{dx}=(\log y)'f'[x]=\frac{f'[x]}{f[x]}$$

であり，ここから，

$$(\log|f[x]|)'=\frac{f'[x]}{f[x]} \tag{2-8}$$

という関係式が得られます．そして(2-8)式を通じて $f'[x]$ を計算する方法を対数微分法といいます．

例題3

以下の関数を微分しなさい．

① $f[x]=\sqrt[3]{x}$ 〔H17年度　東北大学（改題）〕

② $f[x]=2^x$ 〔H19年度　東北大学〕

③ $f[x]=e^{x^2}$ 〔H16年度　兵庫県立大学〕

---

①　対数微分法を使います．対数法則より $\log f[x]=(1/3)\log x$ だから，(2-8)式と対数関数の微分公式から $f'[x]/f[x]=1/3x$ となり，両辺に $f[x]$ をかけて答えを求めます．

$$f'[x]=\frac{\sqrt[3]{x}}{3x}=\frac{1}{3}x^{-2/3}$$

この計算結果を拡張すれば，n を自然数とするべき関数の微分公式 $f'[x]=$

---

6)　(2-8)式左辺に絶対値記号がついているのは，対数関数の定義域が正の実数であって，$f[x]<0$ の場合でも対応させるためです．もちろんその場合でも(2-8)式は成立します．

7)　これについては(2-1)式からも計算できます．まず $f[x]=\sqrt[3]{x}$ を(2-1)式に代入します．

$$f'[x]\equiv\lim_{\Delta x\to 0}\frac{\sqrt[3]{x+\Delta x}-\sqrt[3]{x}}{\Delta x}$$

ここで何らかの方法で分子の根号をはずすことができれば，この極限計算は簡単にできるはずです．そこで上式右辺の分母分子に $(\sqrt[3]{x+\Delta x})^2+(\sqrt[3]{x+\Delta x})\sqrt[3]{x}+(\sqrt[3]{x})^2$ をかけます（これが分子の有理化）．その結果分子は $(\sqrt[3]{x+\Delta x})^3-(\sqrt[3]{x})^3=\Delta x$ となるので，

$$f'[x]\equiv\lim_{\Delta x\to 0}\frac{\sqrt[3]{x+\Delta x}-\sqrt[3]{x}}{\Delta x}=\lim_{\Delta x\to 0}\frac{1}{(\sqrt[3]{x+\Delta x})^2+(\sqrt[3]{x+\Delta x})\sqrt[3]{x}+(\sqrt[3]{x})^2}=(1/3)x^{-2/3}$$

となります．

nx^{n-1} は，n をすべての実数としても成立します．

　②　これも対数微分法を利用します．$\log f[x]=x\log 2$ ですから，これを(2-8)式に当てはめて $f'[x]/f[x]=\log 2$ であり，ここから $f'[x]=2^x\log 2$ が得られます[8]．

　③　$x^2=t$ とすれば，与式はこれと $y=g[t]=e^t$ からなる合成関数となります．だから(2-7)式がそのまま使えて，$f'[x]=(e^t)'(x^2)'=2xe^{x^2}$ となります．

2．中間値の定理

　経済分析において微分法は与えられた関数を微分するばかりではなく，微分を使ったさまざまな諸定理が利用されています．本書で出てくるものに限っても，関数の近似計算に使われる**テイラー展開**や**マクローリン展開**，不定形（そのままだと極限値が定義できない状況）の極限計算に使う**ロピタルの定理**があります．これらはいずれも**中間値の定理**から導出されるものです．本節ではこれに関連する入試問題を見ていくことにします．

　さて中間値の定理を証明するに当たって重要な役割を果たすのが**ロールの定理**です．厳密な証明はしませんが，これを示しておきます．

> *ロールの定理*：$y=f[x]$ において，$f[a]=f[b]$ を満たす区間（ただし $a<b$ とする）を考える．このとき a と b の間に，
> $$f'[c]=0 \quad a<c<b$$
> を満たす c が存在する．

この直感は明らかです．$a<x<b$ をみたす x において $f[x]<f[a]=f[b]$ であるとします．そしてこの様子が図2-3で示されています．たとえば x が a から b まで動いたとすると，$f[x]$ は $f[a]$ から減少していきますが，$x=b$ のときに $f[x]=f[b]$ なので，どこかで $f[x]$ が増加しなければならないはずです．$f[x]$ が小さくなる状況から大きくなる状況に反転する境界の x の値を c とすれば，そこでの微分係数 $f'[c]$ は横軸に平行に，すなわち $x=c$ における微分係数がゼロになっているはずです．

---

8)　この結果から，一般に底が e ではない指数関数 $f[x]=a^x$（ただし $a>0$）の微分公式は，$f'[x]=a^x\log a$ で与えられることが分かります．

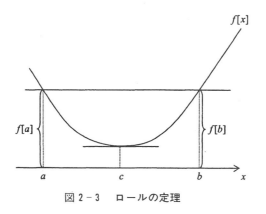

図 2 - 3　ロールの定理

2. 1. ロピタルの定理

例題 4

実数値関数 $f[x], g[x]$ に関する以下の問に答えなさい．

① $f[x], g[x]$ は閉区間 $[a, b]$ で連続，かつ開区間 (a, b) で微分可能であるとする[9]．さらに，$g[a] \neq g[b]$ かつ $f'[x]$，$g'[x]$ は同時に 0 にならないとする．このとき a と b の間に，

$$\frac{f[b] - f[a]}{g[b] - g[a]} = \frac{f'[c]}{g'[c]}$$

となる c が存在することを証明しなさい．

② $f[x], g[x]$ が半開区間 $[a, b)$ で連続，開区間 (a, b) で微分可能であるとする．さらに $f[a] = g[a] = 0$，任意の $x \in (a, b)$ において $g'[x] \neq 0$ とする．このとき，

$$\lim_{x \to a} \frac{f'[x]}{g'[x]}$$

が存在するならば，

9）　閉区間とは $a \leq x \leq b$，すなわち区間の両端を含む区間，そして開区間とは $a < x < b$，すなわち区間の両端を含まない区間をさします．なお $a \leq x < b$ や $a < x \leq b$ のように端点の 1 つのみを含んだ区間が半開区間となります．

$$\lim_{x \to a} \frac{f[x]}{g[x]} = \lim_{x \to a} \frac{f'[x]}{g'[x]}$$

が成り立つことを証明しなさい.

〔H16年度　京都大学（抜粋）〕

① これを証明するに当たって，次のような関数を定義します.

$$F[x] \equiv (f[b]-f[a])g[x] - (g[b]-g[a])f[x]$$

この関数は $F[a]=F[b]=f[b]g[a]-f[a]g[b]$ を満たします. よってロールの定理から，a と b の間に $F'[c]=0$ を満たす c が存在します. ここから，

$$F'[c]=0 \Leftrightarrow (f[b]-f[a])g'[c] - (g[b]-g[a])f'[c]=0$$

$$\Leftrightarrow \frac{f[b]-f[a]}{g[b]-g[a]} = \frac{f'[c]}{g'[c]} \tag{2-9}$$

が得られ，証明完了です. なお(2-9)式のことを**コーシーの定理**といいます.
ここで $g[x]=x$ とすれば(2-9)式は，

$$\frac{f[b]-f[a]}{b-a} = f'[c] \tag{2-10}$$

とでき，これが中間値の定理を示す関係式となります.[10]

② (2-9)式において b を x に置き換えます. このとき c は $a<c<x$ を満たしますから，この不等式を変形した $0 < \dfrac{c-a}{x-a} \equiv \theta < 1$ より，$c=a+\theta(x-a)$ となります.

さて $f[a]=g[a]=0$ より，(2-9)式は，

$$\frac{f[x]-f[a]}{g[x]-g[a]} = \frac{f[x]}{g[x]} = \frac{f'[c]}{g'[c]}$$

と書き換えられます. いま $\lim_{x \to a}(f'[x]/g'[x])$ の存在が仮定されており，$x \to a$ のとき $c \to a$ となりますから，$f'[c]/g'[c]$ の極限も存在します. よって $x \to a$

---

10) そしてこれを使えば，関数 f の増減に関する性質が直ちに導くことができます.
区間 (a,b) に $\alpha < \beta$ となるような2点を任意に取ります. このとき α と β の間に，

$$(f[\beta]-f[\alpha])/(\beta-\alpha) = f'[\gamma]$$

を満たす γ が存在します. たとえば $f'[\gamma]>0$ ならば，$\alpha<\beta$ より $f[\beta]>f[\alpha]$ が必ず成立します. α, β の取り方は区間 (a,b) 内で任意ですから，結局この結論は $f[x]$ がこの区間で増加関数であることを示しています. $f'[\gamma] \leq 0$ のケースについても同様の手法で減少関数（あるいは一定）であることを証明することができます.

のときの $f[x]/g[x]$ の極限も存在し，しかも両者は一致する，すなわち，

$$\lim_{x \to a} \frac{f[x]}{g[x]} = \lim_{x \to a} \frac{f'[x]}{g'[x]} \tag{2-11}$$

が成立します．これが $0/0$ 型の不定形におけるロピタルの定理になります[11]．

　もちろん別な不定形（たとえば ∞/∞）については別の証明が必要なのですが，あらゆる不定形の極限について (2-11) 式が成立することが知られています．以降これを前提として例題を解いていくことにします．

例題 5

① $\displaystyle \lim_{x \to 0} \frac{\log(2x^2+1)}{x^2}$ の極限を求めなさい．　〔H13年度　大阪市立大学〕

② $\displaystyle \lim_{x \to 0} \frac{e^x - e^{-x}}{\sin x}$ の極限を求めなさい．

〔H15年度　京都大学　H20年度　東北大学〕

　いずれの問題も $0/0$ 型の不定形となります．

①　まず与式分子を (2-9) 式を使って微分すると，

$$(\log(2x^2+1))' = \frac{4x}{2x^2+1}$$

となります．これをもとに (2-11) 式を使います．

$$\lim_{x \to 0} \frac{\log(2x^2+1)}{x^2} = \lim_{x \to 0} \frac{4x/(2x^2+1)}{2x} = \lim_{x \to 0} \frac{2}{2x^2+1} = 2$$

②　$e^{-x} = (e^x)^{-1}$ であり，$e^x = t$ として (2-8) 式を使って微分します．

$$(t^{-1})'(e^x)' = -(e^x)^{-2}e^x = -e^{-x}$$

ここから (2-11) 式を使います．

$$\lim_{x \to 0} \frac{e^x - e^{-x}}{\sin x} = \lim_{x \to 0} \frac{e^x + e^{-x}}{\cos x} = 2$$

---

11)　$f[x]/g[x]$ および $f'[x]/g'[x]$ の極限は不定形になるが $f''[x]/g''[x]$ の極限が存在するならば，(2-11) 式はコーシーの定理を手がかりに，

$$\lim_{x \to a}(f'[x]/g'[x]) = \lim_{x \to a}(f''[x]/g''[x])$$

とすることができます．こうして不定形の極限を計算する場合，極限が存在するまで何度でも f, g を個別に微分すればいいことが分かります．

2. 2. テイラー展開およびマクローリン展開

これらも中間値の定理（正確に
はテイラーの定理）が基本になっ
ています．詳細な説明は省略しま
すが，n 回連続微分可能な関数
$f[x]$ のテイラー展開は次式で示
されます．

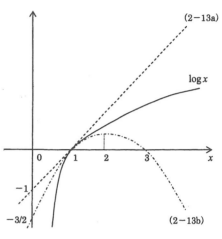

$$f[x] = \sum_{r=0}^{n} \frac{f^{(r)}[a]}{r!}(x-a)^r$$

(2-12a)

そしてこの式で $a=0$ とおいたテ
イラー展開，

$$f[x] = \sum_{r=0}^{n} \frac{f^{(r)}[0]}{r!}x^r \quad (2\text{-}12b)$$

図 2 - 4　$f[x] = \log x$ の近似

がマクローリン展開となります．

ここで $f^{(r)}[a]$ は f を r 回連続微分したものに $x=a$ を代入したものだから，
$f^{(r)}[a]/r!$ は実数値を取ります．つまり n 回連続微分可能な関数 $f[x]$ は $x=a$ の近傍でべき関数として表現できることを(2-12)式は示しています．

　この結果を直感的に理解するために，対数関数 $f[x] = \log x$ を考えます．(2-12a)式において $n=1, a=1$ とすると，

$$f[x] = x-1$$

(2-13a)

となり，これを 1 次（線形）近似といいます．そして(2-12a)式において $n=2$，$a=1$ とすると，

$$f[x] = -\frac{1}{2}x^2 + 2x - \frac{3}{2}$$

(2-13b)

となり，これを 2 次近似といいます．

　$\log x$ および(2-13)式を図示したものが図 2 - 4 です．これをみると $x=1$ で
3 つの関数は完全に一致しますが，少しでも離れると(2-13)式は $\log x$ に一致
しません．しかし(2-13a)式に比べると，$x=1$ の近傍で(2-13b)式は確実に
$\log x$ の近くに位置しています．つまり n を大きくするほど，$x=1$ の近傍にお

ける(2-12a)式ともとの対数関数との誤差が小さくなることを意味しています[12].

例題6

$f[x]=e^{ax}$ をマクローリン展開しなさい． 〔H19年度 東北大学〕

例題5の②より $f'[x]=ae^{ax}$ となって，e^{ax} はそのまま残ります．だから与式を r 回微分して $x=0$ を代入すれば，$f^{(n)}[0]=a^r$ となります．そして指数関数は何度でも微分可能なので，この結果を(2-12b)式に代入して，

$$f[x]=1+ax+\frac{a^2}{2!}x^2+\frac{a^3}{3!}x^3+\cdots$$

となります．

3．多変数関数の微分

1変数関数の微分に関する議論は，そのまま独立変数が複数ある多変数関数に拡張できます．本節では，多変数関数の微分に関する入試問題を解説していきます．ただし解説に当たっては，独立変数が x_1, x_2 である2変数関数 $y=f[x_1, x_2]$ を中心に行います．

3.1. 予備的考察

(1) 偏微分

$y=f[x_1, x_2]$ 上に $(x_1, x_2)=(a, b)$ をとります．ここで x_1 のみが a から $a+\Delta x_1$ に変化したとします．このときの従属変数 y の変化分との比率，

$$\frac{f[a+\Delta x_1, b]-f[a, b]}{\Delta x_1}$$

の $\Delta x_1 \to 0$ における極限を求めます．もしこれが存在するならば，

$$\lim_{\Delta x_1 \to 0}\frac{f[a+\Delta x_1, b]-f[a, b]}{\Delta x_1}\equiv\frac{\partial f[a, b]}{\partial x_1} \tag{2-14a}$$

---

12) この誤差を一般に $o[(x-a)^n]$ と表記します．厳密にいえば(2-12)式において誤差の部分を表記しなければなりませんが，あえて表記していません．
そして(2-12a)式において $n\to\infty$ のとき $o[(x-a)^n]\to 0$ となるものをテイラー級数といい，(2-12b)式において $n\to\infty$ のとき $o[x^n]\to 0$ となるものをマクローリン級数といいます．

という記号を与えます. $^{13)}$ もう1つの独立変数 x_2 についても同じ演算をして極限が存在する場合,

$$\lim_{\Delta x_2 \to 0} \frac{f[a, b+\Delta x_2]-f[a, b]}{\Delta x_2} \equiv \frac{\partial f[a, b]}{\partial x_2} \tag{2-14b}$$

という記号を与えます. これらを $y=f[x_1, x_2]$ の $(x_1, x_2)=(a, b)$ における x_i $(i=1, 2)$ の**偏微分係数**といいます. そしてこの演算結果は (x_1, x_2) に依存しますから, これを一般化した $\partial f[x_1, x_2]/\partial x_i$ のことを**偏導関数**といいます. $^{14)}$ 一般に多変数関数の偏微分は複数ある独立変数のうち1つだけが微小変化したときの従属変数の変化を示したもので, 演算そのものは1変数関数の場合と同じです. つまり第1節でみた1変数関数の微分公式がそのまま利用できるわけです.

そして1変数関数の場合と同様, たとえば $\Delta x_1 \to 0$ のときに,

$$\lim_{\Delta x_1 \to 0} \frac{\partial f[x_1+\Delta x_1, x_2]/\partial x_1 - \partial f[x_1, x_2]/\partial x_1}{\Delta x_1}$$

が存在するとき, これを x_1 に関する2階偏導関数といい, $\partial^2 f[x_1, x_2]/\partial x_1^2$ とかきます. 他方 x_2 に関する偏導関数で $\Delta x_1 \to 0$ としたとき,

$$\lim_{\Delta x_1 \to 0} \frac{\partial f[x_1+\Delta x_1, x_2]/\partial x_2 - \partial f[x_1, x_2]/\partial x_2}{\Delta x_1}$$

が存在するとき, これを**交差偏微分**といい, $\partial^2 f[x_1, x_2]/(\partial x_1)(\partial x_2)$ と書きます. $^{15)}$ 一般に多変数関数を複数回偏微分演算することを**高階偏微分**といいます.

(2)　全微分

偏微分と同様に $y=f[x_1, x_2]$ 上に $(x_1, x_2)=(a, b)$ をとります. ここで x_1, x_2 が同時に (a, b) から $(a+\Delta x_1, b+\Delta x_2)$ に変化したとします. このときの y の変化分は,

---

13)　「∂」は1変数関数の微分記号「d」と区別してつけられる偏微分記号です.

14)　偏導関数を簡略化して $f_i[x_1, x_2]$ とも表記します ($i=1, 2$ で第 i 変数を区別する下添え字) が, 本書では特に断りのない限り偏導関数を $\partial f[x_1, x_2]/\partial x_i$ で表記します.

15)　ここでは $f[x_1, x_2]$ の x_2 に関する偏導関数を x_1 で偏微分する形で交差偏微分を定義しましたが, $f[x_1, x_2]$ の x_1 に関する偏導関数を x_2 で偏微分しても交差偏微分が定義できます. ここで重要なことは, 交差偏微分において偏微分する順番は演算結果に影響を受けない, すなわち $\partial^2 f[x_1, x_2]/(\partial x_1)(\partial x_2)=\partial^2 f[x_1, x_2]/(\partial x_2)(\partial x_1)$ が成立することです. これを**ヤングの定理**といいます.

$$\Delta y = f[a + \Delta x_1, b + \Delta x_2] - f[a, b]$$

と書くことができます．そして右辺第1項に注目して $f[a, b + \Delta x_2]$ を加減します．

$$\Delta y = f[a + \Delta x_1, b + \Delta x_2] - f[a, b + \Delta x_2] + f[a, b + \Delta x_2] - f[a, b] \qquad (2\text{-}15)$$

ここで $f[a + \Delta x_1, b + \Delta x_2] - f[a, b + \Delta x_2]$ に注目します．これは $x_2 = b + \Delta x_2$ に固定したもとで x_1 が a から Δx_1 だけ変化したときの y の変化分を表しています．これを1変数関数とみなして2点 $(a, b + \Delta x_2)$, $(a + \Delta x_1, b + \Delta x_2)$ 間の平均変化率を $\partial f[a, b]/\partial x_1 + \varepsilon_1$ とおけば，

$$f[a + \Delta x_1, b + \Delta x_2] - f[a, b + \Delta x_2] = \left(\frac{\partial f[a, b]}{\partial x_1} + \varepsilon_1 \right) \Delta x_1$$

と表せます．(2-15)式右辺の残りの部分 $f[a, b + \Delta x_2] - f[a, b]$ についても同様の議論を展開して，

$$f[a, b + \Delta x_2] - f[a, b] = \left(\frac{\partial f[a, b]}{\partial x_2} + \varepsilon_2 \right) \Delta x_1$$

と表します．これらを(2-15)式に代入すれば，

$$\Delta y = \frac{\partial f[a, b]}{\partial x_1} \Delta x_1 + \frac{\partial f[a, b]}{\partial x_2} \Delta x_2 + (\varepsilon_1 \Delta x_1 + \varepsilon_2 \Delta x_2)$$

となって，$\Delta x_1, \Delta x_2 \to 0$ のときの極限を考えます．このとき右辺第3項以降 $\varepsilon_1 \Delta x_1 + \varepsilon_2 \Delta x_2$ は $\Delta x_1, \Delta x_2$ よりも早くゼロに収束しますから，Δ を d に置き換えて一般化した，

$$dy = \frac{\partial f[x_1, x_2]}{\partial x_1} dx_1 + \frac{\partial f[x_1, x_2]}{\partial x_2} dx_2 \qquad (2\text{-}16)$$

によって**全微分の公式**が導出できます．

(3) 合成関数の微分公式

以上の考察を踏まえると，多変数関数における合成関数の微分公式が導出できます．

$y = f[x_1, x_2]$ が与えられ，x_1, x_2 が別の変数 t の関数として $x_1 = \phi[t]$ および $x_2 = \varphi[t]$ と与えられているとします．このとき x_1, x_2 を2変数関数に代入した $y = f[\phi[t], \varphi[t]] \equiv g[t]$ も合成関数です．

いまある水準から t が Δt だけ変化したとします．このとき関数 ϕ, φ を通じて変化する x_1, x_2 を $\Delta x_1, \Delta x_2$ とすれば，y の変化は，

$$g[t+\Delta t]-g[t]=f[\phi[t+\Delta t],\varphi[t+\Delta t]]-f[\phi[t],\varphi[t]]$$
$$=f[x_1+\Delta x_1, x_2+\Delta x_2]-f[x_1, x_2]$$

と書くことができ，さらに全微分の公式の導出過程で使った式を使えば，

$$g[t+\Delta t]-g[t]=\frac{\partial f[x_1, x_2]}{\partial x_1}\Delta x_1+\frac{\partial f[x_1, x_2]}{\partial x_2}\Delta x_2+\varepsilon_1\Delta x_1+\varepsilon_2\Delta x_2$$

となります．ここで両辺を Δt で割ったもの，

$$\frac{g[t+\Delta t]-g[t]}{\Delta t}=\frac{\partial f[x_1, x_2]}{\partial x_1}\frac{\Delta x_1}{\Delta t}+\frac{\partial f[x_1, x_2]}{\partial x_2}\frac{\Delta x_2}{\Delta t}+\left(\varepsilon_1\frac{\Delta x_1}{\Delta t}+\varepsilon_2\frac{\Delta x_2}{\Delta t}\right)$$

の $\Delta t\to0$ における極限を考えます．まず左辺は (2-1)式より $g'[t]$ に収束し，右辺にある $\Delta x_i/\Delta t$ もそれぞれ $\Delta x_1/\Delta t\to\phi'[t]$, $\Delta x_2/\Delta t\to\varphi'[t]$ に収束します．ところが $\varepsilon_1, \varepsilon_2\to0$ になるため，上式右辺の（　）内はゼロに収束します．ゆえに，

$$g'[t]=\frac{\partial f[\phi[t],\varphi[t]]}{\partial x_1}\phi'[t]+\frac{\partial f[\phi[t],\varphi[t]]}{\partial x_2}\varphi'[t] \qquad (2\text{-}17)$$

同じことですが，

$$\frac{dy}{dt}=\frac{\partial y}{\partial x_1}\frac{dx_1}{dt}+\frac{\partial y}{\partial x_2}\frac{dx_2}{dt}$$

が得られます．これが多変数関数における合成関数の微分公式となります．

以上の解説を通じてすぐ解答できる例題を見ていくことにしましょう．

例題 7

$f[x]=(2x+1)e^{1/x^2}$ を微分せよ．　　　　〔H16年度　兵庫県立大学（改題）〕

1変数関数ですが，簡単に微分できそうにありません．そこで $1/x^2=t$ とおいて，

$$f[x]=(2x+1)e^t\equiv g[x, t]$$

という2変数関数に変換します．ここで例題3の③にしたがって，

$$(e^{1/x^2})'=(e^t)'(1/x^2)'=-2x^{-3}e^{1/x^2}$$

となり，これと (2-17)式を使えば，

$$f'[x]=\frac{\partial g[x, t]}{\partial x}+\frac{\partial g[x, t]}{\partial t}\frac{dt}{dx}$$
$$=2e^{1/x^2}-2x^{-3}(2x+1)e^{1/x^2}=2e^{1/x^2}(1-2x^{-2}-x^{-3})$$

と計算できます．

3. 2. 多変数関数の k 次同次性

経済学では与えられた関数の同次性が問題になることがしばしばあります．多変数関数 $y=f[x_1, x_2]$ が k 次同次関数であるとは，$t>0$ として，

$$f[tx_1, tx_2] = t^k f[x_1, x_2]$$

という関係式が成立するものをいいます．ここで両辺を t で微分すると，

$$x_1 \frac{\partial f[tx_1, tx_2]}{\partial x_1} + x_2 \frac{\partial f[tx_1, tx_2]}{\partial x_2} = kt^{k-1} f[x_1, x_2]$$

となります．そして $t=1$ とおいた関係式，

$$x_1 \frac{\partial f[x_1, x_2]}{\partial x_1} + x_2 \frac{\partial f[x_1, x_2]}{\partial x_2} = kf[x_1, x_2] \tag{2-18}$$

のことを**オイラーの定理**といい，この関係をみたす関数のことを **1 次同次関数**といいます．これに関する例題を見ていきましょう．

例題 8

一次同次関数 $Q=F[K, L]$ を考える．また Q, K, L は時間 t の関数であるとする．このとき，Q の成長率 $\dot{Q}/Q$ は K の成長率 $\dot{K}/K$ と L の成長率 $\dot{L}/L$ との凸結合[16]として表現できることを示せ．ただしここでの変数を時間で微分したものを $dX/dt \equiv \dot{X}$ とする．

〔H16年度　兵庫県立大学〕

与式が 1 次同次関数なので，(2-18)式にしたがって，

$$Q = K \frac{\partial F[K, L]}{\partial K} + L \frac{\partial F[K, L]}{\partial L}$$

が成り立ちます．この両辺を Q で割ります．

$$1 = \frac{\partial F[K, L]}{\partial K} \frac{K}{Q} + \frac{\partial F[K, L]}{\partial L} \frac{L}{Q}$$

---

16) これは，ある集合 A の要素 x_1, x_2 と 1 未満の正定数 θ を使って $\theta x_1 + (1-\theta) x_2$ の演算をした結果をさします．もしこの結果が集合 A の要素であるとき，この集合を凸集合といいます．

ここで右辺にある $(\partial F/\partial X)(X/Q)$ は，独立変数 X が 1 ％変化したときに従属変数 Q が何％変化するかを示す**弾力性**を表しています．上式は 1 次同次関数において 2 つの弾力性の和が 1 となることを示しており，ここでは $(\partial F/\partial K)(K/Q)$ を α としておきます．

　すべての変数が t の関数であるので，(2-17)式にしたがって与式を微分します．

$$\frac{dQ}{dt}=\frac{\partial F[K,L]}{\partial K}\frac{dK}{dt}+\frac{\partial F[K,L]}{\partial L}\frac{dL}{dt}$$

つぎにこの両辺を Q で割って，記号変換等の整理を行います．

$$\frac{\dot{Q}}{Q}=\frac{\partial F[K,L]}{\partial K}\frac{K}{Q}\frac{\dot{K}}{K}+\frac{\partial F[K,L]}{\partial L}\frac{L}{Q}\frac{\dot{L}}{L}=\alpha\frac{\dot{K}}{K}+(1-\alpha)\frac{\dot{L}}{L} \quad (2\text{-}19)$$

これで題意が証明されます．

3. 3. 比較静学分析

　経済分析において係数や定数項が経済学的に意味のある場合が多く，これらが変化したときに計算した変数がどう影響を受けるかを見る場面に多く直面します．これを行うための手法が比較静学分析です．

例題 9

　2 個の未知数 x,y と 2 個のパラメータ a,c からなる連立方程式，

$$2x-y-a=0$$
$$5x+3y+2c=0$$

がある．これらの全微分を行列で表し，変数 x,y のパラメータ a,c に関する偏微分を求めなさい．なお式の展開は，行列表示のまま行いなさい．

〔H15年度　大阪市立大学〕

　問題の指示通り，与式を全微分したものを行列（とベクトル）で表現します．

$$\begin{pmatrix} 2 & -1 \\ 5 & 3 \end{pmatrix}\begin{pmatrix} dx \\ dy \end{pmatrix}=\begin{pmatrix} da \\ -2dc \end{pmatrix} \quad (2\text{-}20)$$

ここで(2-20)式の係数行列 $\begin{pmatrix} 2 & -1 \\ 5 & 3 \end{pmatrix}\equiv J$ は与式の 1 階偏導関数から構成されているとみることができ，これを**ヤコビ行列**といいます．いま $|J|=11\neq0$

なので，このヤコビ行列の逆行列 J^{-1} が存在することが分かります．(1-9)式を通じて J^{-1} を計算し，これを(2-20)式両辺の左側からかけると，

$$\begin{pmatrix} dx \\ dy \end{pmatrix} = \frac{1}{11}\begin{pmatrix} 3 & 1 \\ -5 & 2 \end{pmatrix}\begin{pmatrix} da \\ -2dc \end{pmatrix} = \frac{1}{11}\begin{pmatrix} 3da-2dc \\ -5da-4dc \end{pmatrix}$$

と求められます．ここで da, dc ともスカラーだから，$dc=0$ として上式両辺を da で割り，さらに d を ∂ に置き換えれば，

$$\begin{pmatrix} \partial x/\partial a \\ \partial y/\partial a \end{pmatrix} = \begin{pmatrix} 3/11 \\ -5/11 \end{pmatrix}$$

となります．同じ方法により $da=0$ とすれば，

$$\begin{pmatrix} \partial x/\partial c \\ \partial y/\partial c \end{pmatrix} = \begin{pmatrix} -2/11 \\ -4/11 \end{pmatrix}$$

と偏微分を求めることができます．

練習問題

問題 1 次の関数を微分しなさい

① $f[x]=\log x^8$ 〔H20年度 東北大学〕

② $f[x]=a^{bx^2}$ 〔H14年度 兵庫県立大学〕

③ $f[x]=x^3$, $g[x]=e^x$, $h[x]=\dfrac{f[x]}{g[x]}$ のときの $h'[x]$

〔H14年度 兵庫県立大学（改題）〕

問題 2

① $f[x]=3xe^{x^2+2}$ を微分しなさい． 〔H14年度 兵庫県立大学〕

② $f[x,y]=(x+y)^{x-y}$ の全微分を求めなさい．

〔H17年度 東北大学（改題）〕

問題 3

$\lim\limits_{x\to\infty}\dfrac{-5x^2+4}{x^2+4x-2}$ の極限を求めなさい． 〔H20年度 東北大学〕

問題 4

1回連続微分可能な関数 $z=f[x,y]$ について，以下の問に答えよ．

① $f[x,y]$ が 1 変数関数 g を用いて $f[x,y]=g[x+y]$ と表せるとき，

$\dfrac{\partial f}{\partial x}=\dfrac{\partial f}{\partial y}$ が成立することを示せ．

② $\dfrac{\partial f}{\partial x}=\dfrac{\partial f}{\partial y}$ が成立するならば，$f[x,y]$ が 1 変数関数 g を用いて $f[x,y]=g[x+y]$ と表せることを示せ．

〔H16年度　兵庫県立大学（抜粋）〕

問題 5

a,c を定数として x,y を決める連立方程式，

$$f[x,y,a,c]=0$$
$$g[x,y,a,c]=0$$

に関する全微分を行列で表現し，変数 x,y の a,c に関する偏微分を求めなさい．

〔H15年度　大阪市立大学〕

（Hint）全微分する際には，$f=0, g=0$ を満たすような変化をイメージしてください．

第 3 章

最適化問題

前章で見た微分法の基礎知識を前提にして，本章では経済分析の根幹の1つである**最適化問題**についてみていくことにします．

経済学では，消費者や生産者といった経済主体の行動を何らかの関数値の極大・極小化問題として定式化します．その際，（第9章以降で詳しく解説しますが）経済主体の行動は何らかの意味でとりうる行動が規制されており，これを念頭においた関数値の極大・極小化問題が主要な考察対象になります．これを解くための手法を**ラグランジェ乗数法**といいますが，本章ではここを最終目標として，それに関連する知識について出題された入試問題を解説していくことにします．

1．予備的考察 ～関数の凹性・凸性～

経済学では関数の凹性・凸性がよく問題になります．そしてこの性質が関数の極大・極小に決定的な役割を果たします．これは次のように定義されます．

x（これは実数値でもベクトルでもいい）がある区間で定義されているとする．この区間に x_1, x_2（ただし $x_1 < x_2$）をとったとき，$0 \leq \alpha \leq 1$ を満たす任意の α に対して $f[x]$ が，

$$f[\alpha x_2 + (1-\alpha)x_1] \leq \alpha f[x_2] + (1-\alpha)f[x_1] \qquad ①$$

を満たすとき，この区間で $f[x]$ は**凸関数**であるという．不等号の向きが逆，すなわち，

$$f[\alpha x_2 + (1-\alpha)x_1] \geq \alpha f[x_2] + (1-\alpha)f[x_1] \qquad ②$$

であるとき，この区間で $f[x]$ は**凹関数**であるという．

なお①において等号がつかない場合は**狭義の凸関数**，②において等号がつかない場合は**狭義の凹関数**という．

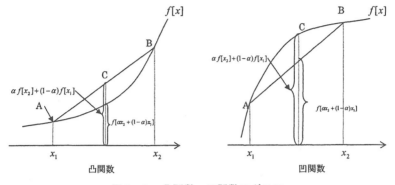

図3−1　凸関数・凹関数のグラフ

　この定義を視覚的に捉えたものが図3−1です．この図においてC点は線分ABを $\alpha : 1-\alpha$ に内分する点です．凸関数とはこのC点が $f[x]$ の上部にあり，逆に凹関数はC点が $f[x]$ 下部にあることで特徴づけられます．

　さてここでの主旨は，微分法を通じて上で定義された凸（凹）関数の性質を明らかにすることです．そこで1変数関数の場合から見ていきましょう．

　$f[x]$ が凸関数だとします．そしてこれを満たす区間に x_1, x_2, x_3 （ただし $x_1 < x_2 < x_3$）を任意に取ります．ここで $\alpha \equiv \dfrac{x_2 - x_1}{x_3 - x_1} < 1$ とおくと $x_2 = \alpha x_3 + (1-\alpha) x_1$ であり，①式から2点 x_1, x_3 の間では，

$$f[x_2] - f[x_1] \leq \alpha (f[x_3] - f[x_1]) \tag{3-1}$$

を満足し，ここに α を戻すと，

$$\frac{f[x_2] - f[x_1]}{x_2 - x_1} \leq \frac{f[x_3] - f[x_1]}{x_3 - x_1} \tag{3-2}$$

が成立します．他方(3-1)式の両辺を $f[x_3]$ から引くと，2点 x_2, x_3 の間では，

$$f[x_3] - f[x_2] \geq (1-\alpha)(f[x_3] - f[x_1])$$

と不等号の向きが逆になります．これに α を戻すと，

$$\frac{f[x_3] - f[x_2]}{x_3 - x_2} \geq \frac{f[x_3] - f[x_1]}{x_3 - x_1} \tag{3-3}$$

が成立し，(3-2)式と(3-3)式を組み合わせると，

$$\frac{f[x_2] - f[x_1]}{x_2 - x_1} \leq \frac{f[x_3] - f[x_2]}{x_3 - x_2}$$

が得られます．ここで左辺において $x_2 \to x_1$ とすれば $f'[x_1]$ に収束し，右辺において $x_2 \to x_3$ とすれば $f'[x_3]$ に収束します．つまり $f'[x_1] \le f'[x_3]$ であり，この結果は区間 (x_1, x_3) において $f'[x]$ が非減少であることを意味します．言い換えると $f[x]$ が凸関数ならば2階導関数が正，すなわち $f''[x] > 0$ となることを意味します．

この議論は多変数関数の場合にも適応可能ですが，少々複雑な操作が必要です[2]．2変数関数 $z = f[x, y]$ のある区間内に2点 (x_1, y_1)，(x_2, y_2) をとり，これを固定します．この関数が凸関数ならば，①式より，

$$f[\alpha x_2 + (1-\alpha)x_1, \alpha y_2 + (1-\alpha)y_1] \le \alpha f[x_2, y_2] + (1-\alpha)f[x_1, y_1]$$

が成立します．いま2点が固定されているので，$F[\alpha] \equiv f[x_1 + \alpha(x_2 - x_1), y_1 + \alpha(y_2 - y_1)]$ とすれば $f[x_1, y_1] = F[0]$ であって，これをもとに上式を整理します．

$$\frac{F[\alpha] - F[0]}{\alpha} \le f[x_2, y_2] - f[x_1, y_1]$$

ここで $\alpha \to 0$ のとき左辺は $F'[0]$ に収束し，(2-17)式を使って，

$$\frac{\partial f[x_1, y_1]}{\partial x}(x_2 - x_1) + \frac{\partial f[x_1, y_1]}{\partial y}(y_2 - y_1) \le f[x_2, y_2] - f[x_1, y_1] \tag{3-4}$$

という関係式が成立します．

さて，1変数関数と同様 $z = f[x, y]$ が凸関数であることを2階偏導関数を使って表現してみようと思いますが，その際，2変数関数におけるテイラーの定理が利用されます．

2変数関数のテイラーの定理：(x_1, y_1) の近傍で $f[x, y]$ が m 階までの偏導関数を持つならば，(x_1, y_1) の近傍の $(x_1 + \Delta x, y_1 + \Delta y)$ において，

$$f[x_1 + \Delta x, y_1 + \Delta y] = \sum_{r=0}^{m-1} \frac{1}{r!}\left(\frac{\partial}{\partial x}\Delta x + \frac{\partial}{\partial y}\Delta y\right)^r f[x_1, y_1]$$
$$+ \left(\frac{\partial}{\partial x}\Delta x + \frac{\partial}{\partial y}\Delta y\right)^m f[x_1 + \theta\Delta x, y_1 + \theta\Delta y] \quad ③$$

（ただし $0 < \theta < 1$）が成立する．ここで $((\partial/\partial x)\Delta x + (\partial/\partial y)\Delta y)^r$ は[3] $f[x, y]$ を x, y について r 回偏微分したことを表す演算子である．

---

1) $f[x]$ が凹関数である場合，すべての不等号が逆向きになるので $f'[x]$ はこの区間で非増加，すなわち $f''[x] < 0$ が成立します．

2) もちろん x, y は凸集合であるとします．

2 階偏導関数に注目するため，③式において $m = 2$ [4] として整理すると，

$$f[x_1 + \Delta x, y_1 + \Delta y] - f[x_1, y_1] = \frac{\partial f[x_1, y_1]}{\partial x} \Delta x + \frac{\partial f[x_1, y_1]}{\partial y} \Delta y$$

$$+ \frac{1}{2} \frac{\partial^2 f[x_1, y_1]}{\partial x^2} (\Delta x)^2 + \frac{\partial^2 f[x_1, y_1]}{\partial x \partial y} (\Delta x)(\Delta y) + \frac{1}{2} \frac{\partial^2 f[x_1, y_1]}{\partial y^2} (\Delta y)^2$$

となります．ここで左辺と右辺第 3 項までを $\Delta x \equiv x_2 - x_1$，$\Delta y \equiv y_2 - y_1$ として，これを(3-4)式に代入すると，(3-4)式左辺が消えて，

$$\frac{1}{2} \frac{\partial^2 f[x_1, y_1]}{\partial x^2} (\Delta x)^2 + \frac{\partial^2 f[x_1, y_1]}{\partial x \partial y} (\Delta x)(\Delta y) + \frac{1}{2} \frac{\partial^2 f[x_1, y_1]}{\partial y^2} (\Delta y)^2 \geq 0$$

$$(3\text{-}5)$$

となります．いま x_1, y_1 の近傍を考えているから，(3-5)式にある 3 つの 2 階偏導関数は実数値を取ります．そこで $\partial^2 f[x_1, y_1]/\partial x^2 \equiv a$，$\partial^2 f[x_1, y_1]/\partial x \partial y \equiv b$，$\partial^2 f[x_1, y_1]/\partial y^2 \equiv c$ と記号変換し，Δy を任意の値で固定した上で，(3-5)式を Δx の 2 次関数として平方完成します．

$$\frac{a}{2} \left(\Delta x + \frac{b \Delta y}{a} \right)^2 + \frac{(ac - b^2)(\Delta y)^2}{2a} \geq 0$$

もし $a > 0$ ならばこの 2 次関数は最小値をもち，しかもそれが非負ならばこの 2 次不等式はすべての $\Delta x, \Delta y$ のもとで満たすはずです．よって(3-5)式を満たす条件が確定できます．[5]

$$\frac{\partial^2 f[x_1, y_1]}{\partial x^2} \geq 0$$

$$(3\text{-}6a)$$

---

3) たとえば $m = 2$ のときこの演算子は展開公式から，

$$((\partial/\partial x)\Delta x + (\partial/\partial y)\Delta y)^2$$
$$= (\partial^2/\partial x^2)(\Delta x)^2 + 2(\partial/\partial y)(\partial/\partial x)(\Delta x)(\Delta y) + (\partial^2/\partial y^2)(\Delta y)^2$$

となり，これを関数 f に当てはめると，

$$(\partial^2 f/\partial x^2)(\Delta x)^2 + 2(\partial^2 f/\partial y \partial x)(\Delta x)(\Delta y) + (\partial^2 f/\partial y^2)(\Delta y)^2$$

と書くことができます．

4) ただし以下の説明において $\Delta x, \Delta y$ が十分小さな値だとして，$\theta \Delta x = \theta \Delta y = 0$ と仮定します．

5) これらの条件から，$\partial^2 f[x_1, y_1]/\partial y^2 \geq 0$ であることも導かれます．なお凹関数は(3-5)式が非正になるので，(3-6)式に該当する条件は次のように与えられます．

$$\partial^2 f[x_1, y_1]/\partial x^2 \leq 0$$
$$(\partial^2 f[x_1, y_1]/\partial x^2)(\partial^2 f[x_1, y_1]/\partial y^2) - (\partial^2 f[x_1, y_1]/\partial x \partial y)^2 \geq 0$$

そしてここから $\partial^2 f[x_1, y_1]/\partial y^2 \leq 0$ も得られます．

$$\frac{\partial^2 f[x_1, y_1]}{\partial x^2}\frac{\partial^2 f[x_1, y_1]}{\partial y^2} - \left(\frac{\partial^2 f[x_1, y_1]}{\partial x \partial y}\right)^2 \geq 0 \tag{3-6b}$$

以上の考察から解答できる例題を見ていきましょう．

例題1

関数 $z = f[x, y]$ の凸性について以下の問に答えよ．

① 直線 $y = kx$ 上では，この関数は x だけの関数 $z = f[x, kx]$ となる．この直線上で関数 z が狭義の凸関数となる条件を求めなさい．

② この関数がすべての直線上で狭義の凸関数となる条件を求めなさい．

〔H14年度　京都大学〕

この例題では表記の簡便化のため，関数を偏微分したことを f_i（ここでは $i = x, y$）のように下添え字で表記します．

① 問題文にあるように $y = kx$ 上では，与えられた関数は1変数関数になります．いまこれを $g[x] \equiv f[x, kx]$ と書き，2階微分を行って狭義の凸関数である条件を示します．

$$g''[x] = f_{yy}k^2 + 2f_{xy}k + f_{xx} > 0 \tag{3-7}$$

これは k に関する2次不等式ですから，求める答えは $f_{yy} < 0$ の場合は，

$$-\frac{f_{xy} + \sqrt{f_{xy}^2 - f_{xx}f_{yy}}}{f_{yy}} < k < \frac{-f_{xy} + \sqrt{f_{xy}^2 - f_{xx}f_{yy}}}{f_{yy}}$$

そして $f_{yy} > 0$ の場合は，

$$k < -\frac{f_{xy} + \sqrt{f_{xy}^2 - f_{xx}f_{yy}}}{f_{yy}}, \ k > \frac{-f_{xy} + \sqrt{f_{xy}^2 - f_{xx}f_{yy}}}{f_{yy}} \tag{3-8}$$

となります．

② 与式が任意の x, y に関して狭義の凸関数であるとします．その条件は (3-6)式で等号を抜いたもので示されます．ここで(3-6b)式は(3-8)式の根号の中身に -1 をかけたものに該当し，このことは(3-8)式を満たす実数 k が存在しないことを意味します．つまり与式は(3-6)式を満足する限り(3-7)式は常に成立し，狭義の凸関数であることが分かります．

2．多変数関数の極大・極小

前節の考察を踏まえて，本節では多変数関数の極大・極小についてみていき

ます.

$z=f[x, y]$ において，たとえば (x_1, y_1) で極大値を持つとします．これはこの近傍で z が最大値であることを意味します．別言すれば，たとえば x のみが Δx だけ変化した場合，

$$f[x_1+\Delta x, y_1] \leq f[x_1, y_1]$$

が成立しますから，$\Delta x \to 0$ のときの極限を取れば，

$$\lim_{\Delta x \to 0} \frac{f[x_1+\Delta x, y_1]-f[x_1, y_1]}{\Delta x} = \frac{\partial f[x_1, y_1]}{\partial x} = 0 \tag{3-9a}$$

が成り立ちます．同じ論理を y についても使えば，

$$\frac{\partial f[x_1, y_1]}{\partial y} = 0 \tag{3-9b}$$

が得られます．これらの条件は 1 階偏微分の符号に関するものなので，一括して**一階の条件**といいます.

しかし一階の条件は極小値を持つ場合でも (3-9) 式で与えられるので，(x_1, y_1) の組合せが z の極大値に対応するのか極小値に対応するのかが分かりません．そこで (3-9) 式を満たす (x_1, y_1) のもとで③式を $m=2$ まで表示します.

$$f[x_1+\Delta x, y_1+\Delta y] = f[x_1, y_1] + \frac{1}{2}\frac{\partial^2 f[x_1, y_1]}{\partial x^2}(\Delta x)^2$$
$$+ \frac{\partial^2 f[x_1, y_1]}{\partial x \partial y}(\Delta x)(\Delta y) + \frac{1}{2}\frac{\partial^2 f[x_1, y_1]}{\partial y^2}(\Delta y)^2$$

もし (x_1, y_1) のもとで z が極大値を持つなら $f[x_1+\Delta x, y_1+\Delta y]-f[x_1, y_1]<0$ が成り立ちますから，(3-5) 式が負になることと同値です．これを満足するには (3-6) 式で不等号が逆向きで等号のない条件でなければなりません．逆に極小値を持つならば，(3-6) 式で等号のない条件が成立します．これらは 2 階偏導関数をもとに得られる条件なので，**二階の条件**といいます．つまり z が (x_1, y_1) のもとで極値を持つとき，その近傍で z が凸関数（(3-6) 式が成立する）ならば (x_1, y_1) は極小値に対応し，凹関数（脚注 5 の条件が成立する）ならば極大値に対応するということです.

以上を踏まえて，例題をみていきましょう.

例題2

　実数値関数 $f[x, y] = x^2 + xy + y^2 - 4x - 2y$ について以下の設問に答えなさい．

　① f の1階偏導関数を求めよ．

　② f の停留点（極値を取る点の候補）を求めよ．

　③ f の2階偏導関数を求めよ．

　④ f の極値を調べよ．

〔H18年度　兵庫県立大学〕

①②　与式を x, y で偏微分します（①の答）．

$$\frac{\partial f[x, y]}{\partial x} = 2x + y - 4 \tag{3-10a}$$

$$\frac{\partial f[x, y]}{\partial y} = x + 2y - 2 \tag{3-10b}$$

(3-10)の2つの式をそれぞれゼロとおくと，x, y に関する連立方程式が得られます．よって求める停留点は，$(x, y) = (2, 0)$ となります（②の答）．

③　(3-10)式から求めます．

$$\frac{\partial^2 f[x, y]}{\partial x^2} = 2, \quad \frac{\partial^2 f[x, y]}{\partial y \partial x} = 1, \quad \frac{\partial^2 f[x, y]}{\partial x \partial y} = 1, \quad \frac{\partial^2 f[x, y]}{\partial y^2} = 2$$

④　③の結果を(3-6)式左辺に当てはめると $2 > 0, 2 \times 2 - 1^2 = 3 > 0$ であり，ここでの停留点は極小値に対応します．

3．ラグランジェ乗数法

　ここでも2変数関数 $z = f[x, y]$ における極大・極小を中心にみていきます．ですが厄介な問題が1つあります．たとえば z が (x_1, y_1) で極大値を持つとして，このいずれかが負値をとるような状況は経済学的に馴染みません．経済学の分析対象となる変数 x, y は需要量や供給量などを意味しますが，これが負値であるという結果は経済分析上意味を成さないからです．そのため $x, y > 0$ という**非負制約**が（暗黙的に）課されます．でも，非負制約を満たしさえすれば（消費者や生産者といった）経済主体は自在に変数を制御できるわけではな

く，ごく限られた範囲内でしか変数を選択できません．これを $g[x,y]=0$ と書き，**制約条件**とよぶことにします．[6)]

　一般に最適化問題とは，制約条件 $g[x,y]=0$ を満足する (x,y) の中から $z=f[x,y]$ の値を極大ないしは極小にする (x,y) の組合せを計算する問題です．そしてこれは以下のように記述されます．

$$Maximize\ (Minimize)\quad f[x,y] \tag{3-11}$$

$$Subject\ to\quad g[x,y]=0 \tag{3-12}$$

ここで Subject to は「…の制約のもとで」を意味し，Maximize (Minimize) は (3-12) 式を満足する x,y の組合せの中から，$f[x,y]$ を極大（ないしは極小）にするものを選ぶという計算の目的を表します．以下計算の目的である $f[x,y]$ のことを**目的関数**とよぶことにします．本節では，経済学でも頻繁に利用される最適化問題に関する入試問題の解説を行っていきます．

3. 1.　予備的考察　〜陰関数の定理〜

f は x,y によって定まる実数値関数を念頭においていますが，g については x,y の満たす条件のみを明らかにするだけです．しかしここから $y=h[x]$ が得られるとすれば，

$$g[x,h[x]]=0$$

は恒等的に成立します．このとき $y=h[x]$ のことを $g[x,y]=0$ から定まる**陰関数**といいます．[7)] ここでは陰関数をどう微分するかについて直感的にみていくことにします．

　適当に x,y を選んで $g[x,y]$ の演算を行います．これは一般的にゼロになる

---

6)　一般的には制約条件に不等号がついてもいいのですが，後で示す一階の条件が複雑になってしまいます．ここでは触れませんが，制約条件に不等号がついたケースでの一階の条件のことを**クーン・タッカー条件**といいます．

7)　ただし $y=h[x]$ は一意に定まるわけではありません．たとえば円の方程式，
$$g[x,y]=x^2+y^2-r^2=0$$
を y について解いたもの，
$$y=\pm\sqrt{r^2-x^2}$$
は $y=h[x]$ が2つあることを示しています．

必然はなく，たとえば z という値をとるとします．このとき x, y が同時に微小変化したとき，z の変化は(2-15)式より，

$$dz = \frac{\partial g[x, y]}{\partial x} dx + \frac{\partial g[x, y]}{\partial y} dy$$

が成立します．ここで選んだ x, y が $g[x, y] = 0$ を満たし，かつ x, y が微小変化したあとでも $g[x + dx, y + dy] = 0$ を満足するなら $dz = 0$ であり，ここから $g[x, y] = 0$ を満たす x, y の近傍において，

$$\frac{dy}{dx} = -\frac{\partial g[x, y]/\partial x}{\partial g[x, y]/\partial y} \equiv h'[x] \tag{3-13}$$

が成立します．これを**陰関数の定理**といいます．

3. 2. ラグランジェ関数の存在

以上のことを念頭において，(3-12)式を制約条件とする(3-11)式の極値に対応する x, y を求める問題を考えてみましょう．

前項で述べた通り(3-12)式から定まる陰関数が一般的に存在し，ここでも $y = h[x]$ と書くことにします．これを(3-11)式に代入すれば，

$$f[x, h[x]] \equiv v[x]$$

と，2変数関数だった目的関数を1変数関数に変換することができます．この関数 v が $(x, y) = (a, b) = (a, h[a])$ で極大（ないしは極小）値を持つとします．ここで $x = a$ の近傍において③式より，

$$v[a + \Delta x] = v[a] + \frac{\partial f[a + \theta \Delta x, h[a + \theta \Delta x]]}{\partial x} \Delta x$$
$$+ \frac{\partial f[a + \theta \Delta x, h[a + \theta \Delta x]]}{\partial y} h'[a + \theta \Delta x] \Delta x$$

が成立します．ここで $v[a]$ を移項して両辺を Δx で割ったもの，

$$\frac{v[a + \Delta x] - v[a]}{\Delta x}$$
$$= \frac{\partial f[a + \theta \Delta x, h[a + \theta \Delta x]]}{\partial x} + \frac{\partial f[a + \theta \Delta x, h[a + \theta \Delta x]]}{\partial y} h'[a + \theta \Delta x]$$

を考えます．左辺において $\Delta x \to 0$ での極限をとるとき，(3-9)式を導出するときと同じ考え方から $\lim_{\Delta x \to 0} \frac{v[a + \Delta x] - v[a]}{\Delta x} = v'[a] = 0$ なので，$x = a$ において，

$$v'[a] = \frac{\partial f[a, h[a]]}{\partial x} + \frac{\partial f[a, h[a]]}{\partial y} h'[a] = 0$$

が成立します. そして $h'[x]$ を (3-13) 式を使って書き換えれば,

$$\frac{\partial f[a, h[a]]}{\partial x} - \frac{\partial f[a, h[a]]/\partial y}{\partial g[a, h[a]]/\partial y} \frac{\partial g[a, h[a]]}{\partial x} = 0 \tag{3-14}$$

となります. ここで,

$$-\frac{\partial f[a, h[a]]/\partial y}{\partial g[a, h[a]]/\partial y} \equiv \lambda^0$$

と記号を新たに定義すれば, これと (3-14) 式は,

$$\frac{\partial f[a, h[a]]}{\partial x} + \lambda^0 \frac{\partial g[a, h[a]]}{\partial x} = 0 \tag{3-15a}$$

$$\frac{\partial f[a, h[a]]}{\partial y} + \lambda^0 \frac{\partial g[a, h[a]]}{\partial y} = 0 \tag{3-15b}$$

と整理することができます. これが最適化問題における一階の条件となります.

　これまで最適化問題において, 制約条件を用いて目的関数にある変数を 1 つ消去する方法で一階の条件を導いてきました. しかしこの方法は, **ラグランジェ乗数 λ** という記号を新たに追加して定義される,

$$\Lambda[x, y, \lambda] \equiv f[x, y] + \lambda g[x, y] \tag{3-16}$$

の極大 (ないしは極小) 値を求める問題として考えることと同値であることが分かります. なぜなら, (3-16) 式を x, y に関して偏微分すれば,

$$\frac{\partial f[x, y]}{\partial x} + \lambda \frac{\partial g[x, y]}{\partial x}$$

$$\frac{\partial f[x, y]}{\partial y} + \lambda \frac{\partial g[x, y]}{\partial y}$$

となり, 極大 (ないしは極小) 値を満たす解の組合せ $(a, h[a], \lambda^0)$ のもとで (3-15) 式に一致するからです. つまり, 最適化問題は目的関数にラグランジェ乗数と制約条件の積を加えた別の関数の極大・極小化問題に変換できるわけです. そして (3-16) 式のことを**ラグランジェ関数**とよびます.

3. 3. ラグランジェ乗数法を使いこなす 4 つの step

　第 9 章以降で最適化問題を解いていきますが, ここでは例題を見ていく中で 4 つの step を踏んで解いていくことを押さえましょう.

例題 3

　以下の制約付き最大化問題において，最適 x な y とを求めなさい．また最適な x, y が $x>0, y-\bar{y}>0$ であるために，如何なる仮定を課さなければならないか明記しなさい．

$$Maximize \quad \log[x^\alpha (y-\bar{y})^{1-\alpha}]$$
$$Subject \ to \quad I = x + Py$$

ただし，$I, P, \bar{y}$ はある正の定数であり，α は $0<\alpha<1$ のある定数である．

〔H15年度　大阪市立大学〕

　ここでは，対数法則を使って目的関数を $\alpha \log x + (1-\alpha)\log(y-\bar{y})$ と書き換えておきます．

　前項の説明では極大・極小値を与える解の存在が前提されていましたが，ここではその解を計算しなければなりません．それは以下の手順を踏んで行きます．

【step1】ラグランジェ関数の定義：

(3-16)式に問題の目的関数および制約条件を代入します[8]．

$$\Lambda[x,y,\lambda] \equiv \alpha \log x + (1-\alpha)\log(y-\bar{y}) + \lambda(I-x-Py) \tag{3-17}$$

【step2】一階の条件の計算：

(3-16)式を x, y, λ に関して偏微分し，その値をゼロとおきます．

$$\frac{\partial \Lambda[x,y,\lambda]}{\partial x} = \frac{\alpha}{x} - \lambda = 0 \tag{3-18a}$$

$$\frac{\partial \Lambda[x,y,\lambda]}{\partial y} = \frac{1-\alpha}{y-\bar{y}} - P\lambda = 0 \tag{3-18b}$$

$$\frac{\partial \Lambda[x,y,\lambda]}{\partial \lambda} = I - x - Py = 0 \tag{3-18c}$$

(3-18c)式は制約条件そのものなので，（厳密には計算する必要はありますが）以下では λ に関する一階の条件は明示しないことにします．

【step3】最適条件の導出：

---

8)　(3-12)式を念頭におけば，$g[x,y]=0$ は $x+Py-I=0$ でも $I-x-Py=0$ でも構わないはずです．しかし λ には経済学的な意味があって，これに対応させる意味で $g[x,y]=0$ は後者としておきます．詳細は次の例題を参照してください．

(3-18)の a, b 式から λ を消去します.

$$x = \frac{\alpha P(y - \bar{y})}{1 - \alpha} \tag{3-19}$$

これは制約条件を満たしつつ目的関数が極値をもつ (x, y) の候補が満たす関係を表し,これを**最適条件**といいます.

【step4】連立方程式を解く：

当然(3-19)式は制約条件を満足しなければなりませんから,解のうち (x, y) は(3-19)式と制約条件を連立して求められます.この組合せを (x^*, y^*) とすれば,

$$(x^*, y^*) = \left(\alpha(I - P\bar{y}), \frac{(1 - \alpha)I}{P} + \alpha\bar{y} \right) \tag{3-20}$$

となります.そしてたとえば x^* を(3-18a)式に代入すれば,$\lambda^* = 1/(I - P\bar{y})$ とラグランジェ乗数も計算することができます.以上のプロセスで極大・極小値に対応する (x, y, λ) の組合せを計算する方法を**ラグランジェ乗数法**といいます.なお残りの問題については(3-20)式を $x > 0$ および $y - \bar{y} > 0$ の各不等式に代入して,$\bar{y} < I/P$ であれば(3-20)式がともに正値であることが容易に分かります.[9]

本来であれば(3-20)式が目的関数の極大値に対応しているかどうかをチェックする必要がありますが,[10]ここでは視覚的に捉えましょう.それが図3-2で示されています.これは目的関数に制約条件を代入したもの,$V[y] = \alpha \log(I - Py) + (1 - \alpha)\log(y - \bar{y})$ を表しています.このうち $\alpha \log(I - Py)$ は $y = I/P$ を漸近線とする右下がりの曲線,そして $(1 - \alpha)\log(y - \bar{y})$ は $y = \bar{y}$ を漸近線とする右上がりの曲線です.目的関数は2つの曲線の和であり,図の実線で示された凹関数です.そして解答の最後に示した条件を満たす範

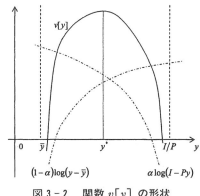

図 3 - 2　関数 $v[y]$ の形状

9）　そしてこの条件を満たすとき,求めたラグランジェ乗数も正値になることが分かります.

10）　『大学院へのミクロ経済学講義』（以下『ミクロ講義』）第3章では,ラグランジェ乗数法の二階の条件について解説しています.

囲に極大（ここでは最大）値に対応する y が存在することが分かります．

例題 4

以下のような制約条件つき最大化問題が与えられたとする．

$$Maximize \quad f[x,y]$$
$$Subject \ to \quad g[x,y]=c$$

ここで関数 f,g は連続 2 階微分可能で，最適化の 2 階条件を満たすような関数とする．また最適解は一意に存在するとする．以下の問に答えよ．

① ラグランジェ乗数法を用いてこの問題を解くことにする．ラグランジェ乗数を λ とするときの最適化の 1 階条件を記述しなさい．

② この最適化問題の解を $x^*=x[c],y^*=y[c]$ とし，$F[c]=f[x^*,y^*]$ と定義する．このとき $dF[c]/dc=\lambda$ となることを示しなさい．

〔H15年度　兵庫県立大学〕

---

① 制約条件の右辺がゼロではないですが，先ほどの解答への 4step 通りに進めます．

【step1】ラグランジェ関数の定義：
$$\Lambda[x,y,\lambda]\equiv f[x,y]+\lambda(c-g[x,y])$$

【step2】一階の条件の導出：
$$\frac{\partial \Lambda[x,y,\lambda]}{\partial x}=\frac{\partial f[x,y]}{\partial x}-\lambda\frac{\partial g[x,y]}{\partial x}=0$$
$$\frac{\partial \Lambda[x,y,\lambda]}{\partial y}=\frac{\partial f[x,y]}{\partial y}-\lambda\frac{\partial g[x,y]}{\partial y}=0$$

解答としてはここまでですが，次の解答に向けて準備をしておきます．

【step3】最適条件の導出：
$$\frac{\partial f[x,y]/\partial x}{\partial f[x,y]/\partial y}=\frac{\partial g[x,y]/\partial x}{\partial g[x,y]/\partial y} \tag{3-21}$$

② 例題 3 のように目的関数と制約条件が陽表的に与えられていませんので，この例題では具体的に極大値に対応する解を求めることはできません．[11]しかし (3-21) 式と制約条件を同時に満たす (x^*,y^*) は一般に存在し，しかもこれは制約条件にある c に依存するはずです．いまこれを問題文に即して $x[c],y$

[c]，そしてこれを一階の条件に代入して得られるラグランジェ乗数を $\lambda[c]$ と書くことにします。

　さて問題の意図は，求めた解を目的関数に代入した極大値 $f[x[c],y[c]]$ を c で微分した結果が λ に一致することを証明することです。ただ求めた極大値を直接微分するのは得策ではありません。この場合，求めた解が制約条件を満足することを念頭において，

$$f[x[c],y[c]]+\lambda[c](c-g[x[c]y,[c]])=\Lambda[x[c],y[c],\lambda[c]]\equiv F[c]$$

すなわち極大値におけるラグランジェ関数を c で微分することで解答に接近します。

$$F'[c]=\left(\frac{\partial f}{\partial x}-\lambda\frac{\partial g}{\partial x}\right)\frac{dx}{dc}+\left(\frac{\partial f}{\partial y}-\lambda\frac{\partial g}{\partial y}\right)\frac{dy}{dc}+\frac{d\lambda}{dc}(c-g[x[c],y[c]])+\lambda$$

ここで右辺第1および2項の（　）内は極値における一階の条件に一致し，これらはゼロとなります。第3項は $x[c],y[c]$ が制約条件を満たすため，これもゼロになります。ゆえに λ だけが残り，

$$F'[c]=\frac{df[x[c],y[c]]}{dc}=\lambda$$

が得られます。[12)]

例題5

　以下の最適化問題の一階条件を満たす (x_1,x_2,x_3) を求めなさい。

$$Maximize \quad x_1+x_2+x_3$$

$$Subject\ to \quad \begin{cases} x_1^2+x_2^2+x_3^2=1 \\ x_1+x_3=1 \end{cases}$$

〔H15年度　兵庫県立大学〕

---

11)　詳細な計算の展開は示しませんが，(3-21)式および制約条件を x,y,c で全微分して前章の比較静学分析を使えば，求めた解の性質を明らかにすることができます。

12)　経済学において c は存在する資源総量や所得などの意味が与えられています。この結果は，資源や所得を表す c の微小変化に対する目的関数の極値の変化がラグランジェ乗数として表れることを示しています。そして直感的に考えれば，資源や所得の変化は x,y の利用拡大に貢献できると考えられるので，その増加は極値を増加させるはずです。その意味において，ラグランジェ乗数は非負の値と仮定されているのです。

制約条件が2つありますが，解答を導く手順はこれまでの例題と同じです．

【step1】ラグランジェ関数の定義：2つの制約条件にかけるラグランジェ乗数をそれぞれ λ, μ として，目的関数に加えます．

$$\Lambda[x_1, x_2, x_3, \lambda, \mu] = x_1 + x_2 + x_3 + \lambda(1 - x_1^2 - x_2^2 - x_3^2) + \mu(1 - x_1 - x_3)$$

【step2】一階の条件の導出：

$$\frac{\partial \Lambda}{\partial x_1} = 0 \Leftrightarrow 1 - 2\lambda x_1 - \mu = 0 \tag{3-22a}$$

$$\frac{\partial \Lambda}{\partial x_2} = 0 \Leftrightarrow 1 - 2\lambda x_2 = 0 \tag{3-22b}$$

$$\frac{\partial \Lambda}{\partial x_3} = 0 \Leftrightarrow 1 - 2\lambda x_3 - \mu = 0 \tag{3-22c}$$

【step3】【step4】最適条件および解の導出：

(3-22)の a, c 式より $x_1 = x_3$ が最適条件（の1つ）として得られ，これと $x_1 + x_3 = 1$ の制約条件から $x_1^* = x_3^* = 1/2$ が計算でき，これを残りの制約条件に代入すれば $x_2^* = \pm\sqrt{2}/2$ と計算できます．つまりこの例題では停留点が2つあり，それぞれに該当する極値を計算すると $(2+\sqrt{2})/2$ と $(2-\sqrt{2})/2$ です．いまの計算目的が極大値にあり，これに該当するのは当然 $(2+\sqrt{2})/2$ です．ゆえに求める停留点は，

$$(x_1^*, x_2^*, x_3^*) = \left(\frac{1}{2}, \frac{\sqrt{2}}{2}, \frac{1}{2}\right)$$

となります．

練習問題

問題1

関数 $f[x, y] = x^4 + y^4 - 2(x-y)^2$ の極値を求めなさい．

〔H20年度　東北大学〕

問題2

① $x^2 + y^2 = 1$ の制約のもとで，$x^2 - 4xy + 4y^2$ の最大値，最小値を求めなさい．

〔H13年度　大阪市立大学〕

② $\dfrac{x}{2} + \dfrac{y}{3} = 1$ の制約のもとで，$z = \dfrac{2}{3}\log x + \dfrac{1}{3}\log y$ の極値を求めなさい．

〔H16年度　兵庫県立大学〕

第 **4** 章

差分方程式

　マクロ経済分析の得意分野は，消費や投資といった消費者や生産者の行動を集計関数として前提し，政府の政策変更でGDP（国内総生産）がどのような影響を受けるかを分析する所にあります．実はもう1つ得意分野があって，市場均衡が時間を通じてどのように推移していくかを分析する所です．変数の推移を数学的に記述する方法には，差分方程式を用いる方法と微分方程式を用いる方法があります．本章では差分方程式について解説していくことにします．

1．予備的考察

1．1．等比数列

　高校数学では差分方程式のことを漸化式とよび，数列の1分野として解説されています．一般にある法則にしたがって並べられた数字の列を数列とよび，一般に $\{a_k\}_{k=0}^n$ と書きます．数列にはさまざまなタイプがありますが，もっとも基本的なものは等差数列と等比数列の2つです．ここでは後の解説に必要な等比数列を中心にみていくことにします．

　隣接する2項の比が r で一定（r を公比という）である数列を等比数列といいます．これは第 k 項（$k=0,1,\cdots,n$）と第 $k+1$ 項の間に，

$$\frac{a_{k+1}}{a_k}=r \tag{4-1}$$

が成り立つと書くことができます．ここで第0項（初項）の a_k の値が $a_0=\alpha$ で与えられた[1]とします．一般に数列 $\{a_k\}_{k=0}^n$ において値を指定することを**境界**

---

1)　高校数学では第1項における a_k の値が $a_1=\alpha$ で与えられていますが，ここでは後の各章との整合性をもたせる意味で $a_0=\alpha$ とします．よって後に示すさまざまな公式が高校数学で示されているものと若干異なりますが，値の指定する項の違いだけで，結

条件といい，特に初項（ここでは第 0 項）の値を指定することを**初期条件**とい
います（この条件は経済分析の上で重要な役割を果たします）．境界（初期）
条件が与えられたとき，この数列の第 n 項がどうなるかを計算しましょう．
そのために(4-1)式を次々代入します．

$$a_0 = \alpha$$
$$a_1 = ra_0 = ar$$
$$a_2 = ra_1 = ar^2$$
$$a_3 = ra_2 = ar^3$$
$$\vdots \quad \vdots \quad \vdots$$

すると a_k の下添え字と公比にかかる指数の値が同じであることが分かります．
この関係は等比数列に一貫したものなので，

$$a_n = ra_{n-1} = ar^n \tag{4-2}$$

によって等比数列の**一般項**が与えられます．

　次に，これも高校数学で出てくる等比数列の和 S_n についてみていきましょ
う．第 0 項から第 n 項までの等比数列の和は，

$$S_n = \alpha + \alpha r + \cdots + \alpha r^{n-1} + \alpha r^n$$

と書くことができます．これを求めるには S_n の両辺に公比をかけた，

$$rS_n = r\alpha + \alpha r^2 + \cdots + \alpha r^n + \alpha r^{n+1}$$

から S_n を引きます．すると途中の項がすべて消えて，$(r-1)S_n = \alpha(r^{n+1}-1)$
となります．よって $r \neq 1$ のとき，

$$S_n = \frac{\alpha(r^{n+1}-1)}{r-1} \tag{4-3}$$

となります[2]．

1.2. 1階差分方程式

　等比数列(4-1)式は隣接する2項間の関係を表したもので，一般にこれを**1
階差分方程式**といいます．ここで対象としたいのは，

$$a_{k+1} = \beta a_k + \gamma \tag{4-4}$$

　果の性質は本質的には変わりません．
2）　なお $r=1$ のときには $S_n = (n+1)\alpha$ となります．

すなわち β, γ が k に依存しない定数係数型 1 階差分方程式です．なお $\gamma=0$ のとき(4-4)式を<u>同次方程式</u>，$\gamma \neq 0$ のときを<u>非同次方程式</u>といいます．

　さて，ここでも等比数列と同様の方法で(4-4)式の一般項 a_n を求めたいと思います．

$$a_0 = \alpha$$
$$a_1 = \beta a_0 + \gamma = \alpha\beta + \gamma$$
$$a_2 = \beta a_1 + \gamma = \alpha\beta^2 + \gamma(1+\beta)$$
$$a_3 = \beta a_2 + \gamma = \alpha\beta^3 + \gamma(1+\beta+\beta^2)$$
$$\vdots \qquad \vdots \qquad\qquad \vdots$$
$$a_n = \beta a_{n-1} + \gamma = \alpha\beta^n + \gamma(1+\beta+\cdots+\beta^{n-1}) \tag{4-5}$$

ここで右辺第 2 項の（　）内は初項 1，公比 β の等比数列の和になっています．そこで(4-3)式を使って整理すると，

$$a_n = \left(\alpha - \frac{\gamma}{1-\beta}\right)\beta^n + \frac{\gamma}{1-\beta} \tag{4-6a}$$

となります．右辺第 1 項の $\alpha - \gamma/(1-\beta)$ は $a_0=\alpha$ をどう指定するかで変わってきますので，この部分を A に置き換えます．

$$a_n = A\beta^n + \frac{\gamma}{1-\beta} \tag{4-6b}$$

　さて(4-6)式において $\gamma=0$ とすると等比数列の一般項に一致し，特に(4-6b)式右辺第 1 項 $A\beta^n$ を<u>同次方程式の一般解</u>といいます．他方(4-6)式右辺第 2 項 $\gamma/(1-\beta)$ を<u>非同次方程式の特殊解</u>といい，a_k についてある特殊な状況を指定した場合の解を表します．ここでは $a_{k+1}=a_k$，すなわち隣接する 2 項が同じ値をとる状況を考えています．これを**定常状態**といい，(4-4)式から計算される $a_{k+1}=a_k \equiv a^* = \gamma/(1-\beta)$ を**定常値**[3]といいます．ここから一般に，<u>非同次方程式の一般解(4-6b)式</u>は「同次方程式の一般解＋非同次方程式の特殊解」で与えられます[4]．そして(4-6b)式で $n=0$ とすれば $a_0 = A + \gamma/(1-\beta)$ となり，

---

　3)　もちろんこれは $\beta \neq 1$ のときに成立する話で，$\beta=1$ である場合は次のように考えます．特定状況は適当に指定できるので，$a_k = \phi k$，すなわち数列の値が項数と比例的関係にあると考えてみます．これを(4-4)式に代入すれば $\phi = \gamma$ なので，これを(4-6b)式に代入して $\beta=1$ とすれば $a_n = A + n\gamma$ になります．これに境界条件を与えれば等差数列の 一般項に 一致することが容易に分かります．

これを α と指定する（境界条件）ことで A を決定し，これを(4-6b)式に戻せば(4-6a)式が与えられます．こうして(4-6a)式は(4-4)式を満たすすべての数列の値が確定できるので，(4-6b)式と区別して非同次方程式の確定解といいます．

1.3. 1階差分方程式の収束・発散

経済学において（もちろん数学でも）問題になりますが，(4-4)式の解(4-6b)式が項数 n が増えるにつれてどんな値をとるのでしょうか．ここでは $A>0$ として2つのケースに分けて考えてみましょう．

(1) $\beta>0$：

n が自然数なので話は簡単です．$0<\beta<1$ であれば $n\to\infty$ のとき $\beta^n\to0$ になるから，結局 $a_n\to\dfrac{\gamma}{1-\beta}$ に収束します．逆に $\beta>1$ であれば $n\to\infty$ のとき $\beta^n\to\infty$ になるから，$a_n\to\infty$ に発散することが分かります．

(2) $\beta<0$：

n が実数ならばこのケースは定義できないのですが，自然数なので対処できます．たとえば $\beta=-1/2$ のとき，同次方程式の一般解は $A, (-1/2)A, (1/4)A,$ $(-1/8)A,\cdots$ と正値・負値を繰り返しますが，その絶対値は項数の増加とともに小さくなります．つまり $n\to\infty$ のとき $|\beta^n|\to0$ であり，この場合 $a_n\to\dfrac{\gamma}{1-\beta}$ に収束します．今度は $\beta=-2$ のケースを考えます．この場合も同次方程式の一般解は $A, -2A, 4A, -8A,\cdots$ と正値・負値を繰り返しますが，その絶対値は項数の増加とともに大きくなります．ゆえに $n\to\infty$ のとき $|\beta^n|\to\infty$ となって，この場合 $|a_n|\to\infty$ に発散します．以上の結果をまとめておきましょう．

---

4) 念のため，(4-6b)式が(4-4)式の解であることを確認します．そのために(4-6b)式を用いて $a_{n+1}-a_n$ を計算します．
$$a_{n+1}-a_n=(\beta-1)A\beta^n$$
他方(4-6b)式から $A\beta^n=a_n-\gamma/(1-\beta)$ なので，これを上式に代入して整理します．
$$a_{n+1}-a_n=(\beta-1)a_n+\gamma$$
そして両辺から a_n が消去でき，(4-4)式が得られます．

> 1 階差分方程式の収束・発散条件：$n \to \infty$ のとき，a_n は次の値を満足する．
>
> ・$|\beta| < 1$ ならば，a_n は定常値に収束する．
>
> ・$|\beta| > 1$ ならば，a_n は定常値から離れて発散する．
>
> ・$\beta < 0$ ならば，a_n は（同次方程式の一般解が正値・負値交互にでるという意味で）振動する．

なお定数項 γ は定常値に影響を与えますが，差分方程式の収束・発散に何ら影響を持たないことを押さえておきましょう．

2．2階差分方程式

数列 $\{a_k\}_{k=0}^{n}$ において連続する 3 項間に次のような関係性，

$$a_{k+2} + \beta a_{k+1} + \gamma a_k = \delta \tag{4-7}$$

を満足するとき，(4-7)式を定数係数型の **2階差分方程式** といいます．本節ではこれに関連する例題をみていくことにします．

2．1．基本的解法

ここでは(4-7)式において $\delta = 0$ とした同次方程式からみていくことにしましょう．でも 1 階差分方程式のように(4-7)式を次々代入して一般解に到達できそうにありません．そこで 1 階差分方程式の解を思い出しましょう．その一般解は $A\lambda^n$ と書けましたから，2 階差分方程式においてもこれと同じ形が表れるのではないかと考えてみます．そこでこれを(4-7)式に代入すると $A\lambda^{k+2} + \beta A\lambda^{k+1} + \gamma A\lambda^k = 0$ となり，両辺を $A\lambda^k$ で割ることで，

$$\lambda^2 + \beta\lambda + \gamma = 0$$

が得られます．これを **特性方程式** といいます．これは簡単に，

$$\lambda = \frac{-\beta \pm \sqrt{\beta^2 - 4\gamma}}{2} \tag{4-8}$$

と解くことができます．この解を **特性（固有）根** といいます．つまり同次方程式の一般解は $A\lambda^n$ の形が 2 つ存在し，(4-8)式が異なる実数解（すなわち $\beta^2 > 4\gamma$）のとき，

$$a_n = A_1 \lambda_1^n + A_2 \lambda_2^n \tag{4-9a}$$

重解（すなわち $\beta^2 = 4\gamma$）のとき，

$$a_n = A_1 \lambda^n + A_2 n \lambda^n \tag{4-9b}$$ [5]

そして複素数（すなわち $\beta^2 < 4\gamma$）の場合は**ド・モアブルの公式**[6]を使って，

$$a_n = r^n (A_1 \cos n\theta + A_2 \sin n\theta) \tag{4-9c}$$

とそれぞれ計算できます．$\delta \neq 0$ の場合の一般解は(4-9)式に非同次方程式の特殊解，

$$a_k = a_{k+1} = a_{k+2} \Longrightarrow a^* = \delta/(1+\beta+\gamma)$$
[7), 8)]

を加えた形で与えられます．

以上をもとに，1つ例題を見ていくことにしましょう．

---

5) これが $\delta=0$ とおいた(4-7)式の解になっていることを確認します．そのために，これを(4-7)式に代入して整理します．

$$A_1 \lambda^{n+2} + A_2(n+2)\lambda^{n+2} + \beta(A_1 \lambda^{n+1} + A_2(n+1)\lambda^{n+1}) + \gamma(A_1 \lambda^n + A_2 n\lambda^n)$$
$$= a_n(\lambda^2 + \beta\lambda + \gamma) + A_2 \lambda^{n+1}(2\lambda + \beta)$$

ここでの λ は $-\beta/2$ です．だから右辺第1項の（ ）内および第2項の（ ）内はゼロになるので，(4-9b)式は(4-7)式の解であることが分かります．

6) (4-8)式が複素数のとき，その実数部分（以下実部）$-\beta/2 \equiv h$ を横軸にとり，虚数単位がつく部分（以下虚部）$\sqrt{4\gamma-\beta^2}/2 \equiv v$ を縦軸にとった平面（ガウス平面）上のベクトルとして特性根を書き換えます．その際 $r \equiv \sqrt{h^2+v^2}$ をこのベクトルの長さ（ここでは γ に一致）として $h = r\cos\theta, v = r\sin\theta$（$\theta$ はベクトル (h, v) と実数軸とのなす偏角）を使って，

$$\lambda = r(\cos\theta + i\sin\theta)$$

と表現します．これを**極形式**といいます．

　さてこの形式に表れる $\cos\theta + i\sin\theta$ ですが，加法定理より，

$$(\cos\theta_1 + i\sin\theta_1)(\cos\theta_2 + i\sin\theta_2) = \cos(\theta_1 + \theta_2) + i\sin(\theta_1 + \theta_2)$$

が成立します．ここで $\theta_1 = \theta_2 = \theta$ とすれば $(\cos\theta + i\sin\theta)^2 = \cos2\theta + i\sin2\theta$ となり，この演算を続けると，

$$(\cos\theta + i\sin\theta)^n = \cos n\theta + i\sin n\theta$$

これでド・モアブルの公式が導出されます．

7) $\beta + \gamma = -1$ のときには，1階差分方程式と同様 $a_k = \phi k$ とおいたものを(4-7)式に代入します．

$$(1 + \beta + \gamma)\phi k + (2 + \beta)\phi = \delta$$

ここで左辺第1項は仮定よりゼロとなり，$\phi = \delta/(2+\beta)$ が計算できます．これを元に戻した $a_k = \delta k/(2+\beta)$ がこの場合の特殊解になります．

8) 2階差分方程式における一般解が定常値に収束するための条件は，(i) $-1 < \gamma < 1$，(ii) $1 + \beta + \gamma > 0$，(iii) $1 - \beta + \gamma > 0$，をすべて満たすときだということが知られています．厳密な証明はできませんが，これを**シュールの定理**といいます．

例題 1

差分方程式（漸化式） $x_{t+1}=\dfrac{5}{2}x_t-x_{t-1}$ を解きなさい.

〔H18年度 東北大学（抜粋）〕

与式は同次形の 2 階差分方程式です. だから解説の通り $x_t=A\lambda^t$ を与式に代入, 両辺を $A\lambda^{t-1}$ で割って整理すると特性方程式は $2\lambda^2-5\lambda+2=(2\lambda-1)(\lambda-2)=0$ となります. ここから特性根が $\lambda=1/2,2$ と異なる実数解で与えられますので, 一般解は(4-9a)式に該当した,

$$x_t=A_1\left(\frac{1}{2}\right)^t+A_2 2^t$$

となります.

2. 2. 連立差分方程式との対応

ここで再度(4-7)式で $\delta=0$ とする 2 階差分方程式を考えます. そして $a_{n+1}=b_n$ という変数変換をします. すると(4-7)式は,

$$\begin{cases} b_{n+1}=-\beta b_n-\gamma a_n \\ a_{n+1}=b_n \end{cases} \tag{4-10}$$

という（2元1次）**連立差分方程式**に書き換えることができます. ここでベクトル $\begin{pmatrix} b_n \\ a_n \end{pmatrix}$ を X_n, 係数行列 $\begin{pmatrix} -\beta & -\gamma \\ 1 & 0 \end{pmatrix}$ を B とおくと, (4-10)式は $X_{n+1}=BX_n$ と簡単に書くことができます. ベクトルの形になってはいますが, これはもっとも単純な 1 階差分方程式と見ることができるので, 一般解は $C=\begin{pmatrix} c_1 \\ c_2 \end{pmatrix}$ を定数ベクトルとして $X_n=C\lambda^n$ となるはずです. これを差分方程式に代入して整理すると $(\lambda I-B)C=0$ が得られ, 第 1 章第 1 節より C がゼロベクトルではないならば $|\lambda I-B|=0$ でなければなりません. 実際にこれを計算すると,

$$\begin{vmatrix} \lambda+\beta & \gamma \\ -1 & \lambda \end{vmatrix}=\lambda^2+\beta\lambda+\gamma=0$$

となり, (4-7)式から導出される特性方程式に一致します. この結果は, 2 階差分方程式と（2元1次）連立差分方程式が同じであることを表しています. そ

こで，このことを使った例題を見ていくことにします．

例題 2

以下の差分方程式を解け．なお初期条件は $x_0 = y_0 = 0$ である．

$$\begin{cases} x_{t+1} = x_t + 3y_t + 3 \\ y_{t+1} = 2x_t + 2y_t + 1 \end{cases}$$

〔H13年度　大阪市立大学〕

非同次形の連立差分方程式ですが考え方は 2 階差分方程式と同じです．まず同次方程式の一般解から求めましょう．ここでの係数行列は $B = \begin{pmatrix} 1 & 3 \\ 2 & 2 \end{pmatrix}$ ですから，特性方程式は，

$$\begin{vmatrix} \lambda-1 & -3 \\ -2 & \lambda-2 \end{vmatrix} = (\lambda-4)(\lambda+1) = 0$$

となり，特性根は $\lambda = -1, 4$ であることが簡単に分かります．特性根が 2 つあるということは，該当する定数ベクトルも 2 つあるということです．そこで第 1 章第 3 節の方法にしたがって各特性根に対応する定数ベクトルを計算します．A_1 をゼロでない任意の実数とすれば，$\lambda = -1$ に対応する定数ベクトルは $A_1 \begin{pmatrix} 3 \\ -2 \end{pmatrix}$，同様にしてゼロでない任意の実数 A_2 に対して $\lambda = 4$ に対応する定数ベクトルは $A_2 \begin{pmatrix} 1 \\ 1 \end{pmatrix}$ となります．よって求める同次方程式の一般解はベクトルの形で，

$$\begin{pmatrix} x_t \\ y_t \end{pmatrix} = A_1 \begin{pmatrix} 3 \\ -2 \end{pmatrix}(-1)^t + A_2 \begin{pmatrix} 1 \\ 1 \end{pmatrix}4^t \tag{4-11}$$

となります．

他方与式の特殊解は第 1 式において $x_t = x_{t+1} = x^*$ とすれば $y^* = -1$，これを第 2 式に代入すれば $x^* = 0$ と計算できます．これと (4-11) 式を足したものが与式の一般解になり，

$$\begin{pmatrix} x_t \\ y_t \end{pmatrix} = A_1 \begin{pmatrix} 3 \\ -2 \end{pmatrix}(-1)^t + A_2 \begin{pmatrix} 1 \\ 1 \end{pmatrix}4^t + \begin{pmatrix} 0 \\ -1 \end{pmatrix} \tag{4-12}$$

で与えられます.

　ところで問題では初期条件が与えられており，与式の確定解を求めなければなりません. それは一般解で任意とおいた A_1, A_2 を求めることを意味します. そこで(4-12)式に $t=0$ を代入して整理します.

$$\begin{cases} 3A_1+A_2=0 \\ -2A_1+A_2=1 \end{cases}$$

この連立方程式を解けば $(A_1, A_2)=(-1/5, 3/5)$ であり，ゆえに与式の確定解は，

$$\begin{pmatrix} x_t \\ y_t \end{pmatrix} = -\frac{1}{5}\begin{pmatrix} 3 \\ -2 \end{pmatrix}(-1)^t + \frac{3}{5}\begin{pmatrix} 1 \\ 1 \end{pmatrix}4^t + \begin{pmatrix} 0 \\ -1 \end{pmatrix}$$

となります.

3．差分方程式の解を視覚的に捉える ～位相図～

　経済分析では差分方程式を直接解くのはまれで，作図により解の性質を探ります. 仮定される差分方程式が定数係数型となるのが少ないこともありますが，視覚による直感的分かりやすさを重視する結果でもあります. ここでは後の章に役立つことを念頭において，作図を通じて差分方程式の解の性質を明らかにしていきます. この図を位相図といいます.

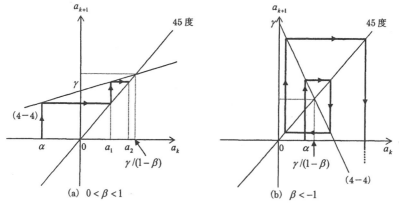

図 4 - 1　1 階差分方程式の位相図

3. 1. 1階差分方程式

　最初に１階差分方程式(4-4)から位相図を作ってみましょう．それが図４-１に示されています．この図においてケース(a)が $0<\beta<1$，ケース(b)が $\beta<-1$ である場合をそれぞれ描いています．なお定数項 γ は差分方程式の収束・発散に影響ないため，この図では正値を仮定しています．また双方に描かれた45度線は定常状態を表しています．

　さてケース(a)において(4-4)式は45度線よりも傾きが緩やかな直線として描かれます．ここで初期条件 $a_0=\alpha$ を図の位置に指定します．すると(4-4)式を通じて a_1 が縦軸に決まり，それを45度線を通じて横軸に変換します．横軸に a_1 が定まると(4-4)式を通じて a_2 が縦軸に決まり，それを再度横軸に変換します．こうしたプロセスを図の上で繰り返し，(4-4)式と45度線の間に現れる解の動きを矢印で示すと，定常値 $a^*=\gamma/(1-\beta)$ に向かっていく様子が分かります．ゆえにこのケースで(4-4)式は収束することが確認できます．

　同じことをケース(b)で行うと，ケース(a)とは全く違う動きを示します．初期条件 α を与えると，解の動きは $a_1>a^*, a_2<a^*, \cdots$ と交互に振動しながら，値そのものは定常値からどんどん離れていきます．こうしてこのケースで(4-4)式は発散することが確認できます．[9]

　さて次項および後の章のため，(4-4)式の解の性質を形を変えて作図してみます．そのために(4-4)式の両辺から a_k を引きます．

$$a_{k+1}-a_k \equiv \Delta a_k = (\beta-1)a_k+\gamma \tag{4-13}$$

(4-13)式は隣接する２項の差が a_k に依存することを表しています．これを図にしたものが図４-２で，ケース(a)が $\beta<1$，ケース(b)が $\beta>1$ のケースをそれぞれ描いており，図４-１との比較でここでも $\gamma>0$ を仮定しています．

　まずケース(a)において初期条件を図の位置に指定したとします．このとき $\Delta a_0>0$ であり，これは $a_1>a_0=\alpha$，すなわち第０項に比べて第１項の値が大きくなります．それがたとえば図の位置にあるとします．このときにも $\Delta a_1>0$ であり，a_2 は a_1 よりも大きくなることを意味します．しかし図より $\Delta a_0>\Delta a_1$ であり，その増え方自体は小さくなります．こうしたプロセスを繰り返す

9）　同じ論理を使えば，ここでは示さなかったケース（$\beta>1$ および $-1<\beta<0$）についても図によって解の性質を確認することができます．

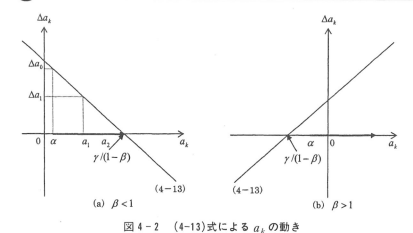

図 4 - 2 （4-13）式による a_k の動き

と，a_k は早晩（4-13）式と横軸との交点に到達します．そこに該当する a_k の値は（4-13）式より $a_k = \gamma/(1-\beta) = a^*$ であり，（4-4）式の定常値に一致します．ゆえにこのケースでは，（4-13）式は収束することが分かります．他方ケース（b）ではケース（a）と逆の作用が起こり，図にあるように定常値以外の適当な値に初期条件を定めると，a_k は発散することが分かります[10]．

3. 2. 2階（連立）差分方程式

次に例題1で見た2階差分方程式から位相図を導出してみましょう．その際，2階差分方程式を連立差分方程式に変換する作業が必要になります．

与式は連続する3項間で成立しますから，項を1つずらして $x_{t+2} = (5/2) x_{t+1} - x_t$ としておきます．その上で $x_{t+1} = y_t$ の変数変換を通じて，連立差分方程式として表現します．

$$\begin{cases} y_{t+1} = (5/2) y_t - x_t \\ x_{t+1} = y_t \end{cases} \tag{4-14}$$

次に（4-14）の第1式の両辺から y_t，そして第2式の両辺から x_t をそれぞれ引

---

10) ただし（4-13）式にもとづく解の性質は，たとえば $\beta < -1$ であっても図 4 - 1 (b) のように振動しながら発散せず，定常値に収束します．その意味で解の性質は（4-6）式と一致しません．実は（4-13）式は，次章でみる1階微分方程式を1階差分方程式に置き換えたものだからです．

きます．

$$\begin{cases} y_{t+1} - y_t \equiv \Delta y_t = (3/2)\,y_t - x_t \\ x_{t+1} - x_t \equiv \Delta x_t = y_t - x_t \end{cases}$$

そして上式において $\Delta y_t = \Delta x_t = 0$，すなわち y_t, x_t が動かない状況を考えます．

$$\begin{cases} \Delta y_t = 0 \Leftrightarrow x_t = (3/2)\,y_t \\ \Delta x_t = 0 \Leftrightarrow x_t = y_t \end{cases}$$

こうして得られる (y_t, x_t) の関係式を**位相線**といいます．

　次に導出した位相線を個別に描き，y_t, x_t の運動方向を確定します．まず $\Delta y_t = 0$ に対応する位相線は図 4‑3 の左上に描かれています．そして位相線の読み方は次のように行います．この位相線上に (y_t, x_t) があるとき，$(y_t$ が横

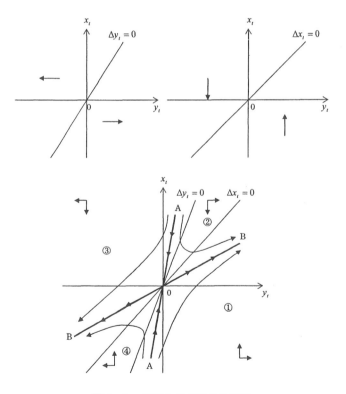

図 4‑3　例題 1 における位相図

軸にとってあり，かつ $\Delta y_t = 0$ であることから）この点は左右に動くことはありません（もちろん上下に動くことはあります）．しかしたとえばこの位相線より上にある (y_t, x_t) の組合せの場合，$(3/2)y_t - x_t < 0$ という不等式を満たし，元をたどれば $\Delta y_t < 0$，すなわち（所与の x_t のもとで）y_t は確実に減少，図では左方向に動きます．逆にこの位相線より下にある (y_t, x_t) の組合せの場合，上述の不等号が逆になるので y_t は確実に増加，図では右方向に動いていきます．

　これと同じ読み方を $\Delta x_t = 0$ の位相線にも当てはめましょう．この位相線は図 4-3 の右上に描かれており，この直線上に (y_t, x_t) の組合せがあれば，（x_t が縦軸にとってあることを念頭におけば）この点は上下に動くことはありません（左右に動くことは構いません）．そしてこの位相線より上（下）にある (y_t, x_t) の組合せがあれば，その点は $y_t - x_t < (>) 0$ という不等式を満足し，これは $\Delta x_t < (>) 0$，すなわち x_t は確実に減少（増加），図では下（上）方向に動きます．

　2 つの位相線にもとづいて確定する運動方向を 1 つの図に重ねます．それが図 4-3 の下に描かれています．これをみると，2 つの位相線によって (y_t, x_t) 平面が 4 つの領域に区分され，各領域において (y_t, x_t) の運動方向が変わります．たとえば領域①では $\Delta y_t > 0, \Delta x_t > 0$ を同時に満足しますから，この領域にある点は右と上に動く力が同時に働くことを意味します．その結果運動方向は合力が働いて（大雑把に）北東方向になります．同じ考え方から領域②では南東方向，領域③では南西方向，領域④では北西方向という運動方向が明らかとなります．そして例題 1 では定数項がありませんから，定常値は 2 つの位相線の交点である原点に対応します．

　実際の 2 階差分方程式の解は境界条件を与えないと確定しません．ここでは任意に初期条件 (y_0, x_0) を定めたケースを考えます．図を見ると，初期条件が線分 AA 上にあるとき，(y_t, x_t) の組合せはまっすぐ定常値 $(0,0)$ に向かいます．他方初期条件が線分 BB 上にあるとき，(y_t, x_t) の組合せはまっすぐ定常値から離れていきます．そしてそれ以外の初期条件の組合せにおいては，最初のうちは定常値に近づく動きを見せますが，やがて線分 BB に沿った方向に動いていきます．つまり例題 1 の場合，線分 AA 上に初期条件の組合せがあるときのみ (y_t, x_t) の組合せは定常値 $(0,0)$ に収束し，さもなくば発散していくことが

分かります．こうした定常値の性質を**鞍点**といいます[11]．

ここで線分 AA や BB 上に解があるための初期条件について考えます．そのために例題 1 における一般解を用いて，$A_2=0$ となるような初期条件を考えてみましょう．なぜ $A_2=0$ とするかというと，こうすることで確定解が $x_t=A_1(1/2)^t$ となり，1 階差分方程式の収束・発散条件から x_t はゼロに収束するからです．そこで求めた一般解において $t=0,1$ のときの値に初期条件 $(y_0, x_0)=(\alpha, \beta)$ をかけます．

$$\begin{cases} x_0 = A_1 + A_2 = \beta \\ x_1 = y_0 = (1/2)A_1 + 2A_2 = \alpha \end{cases}$$

ここから $A_2=(2\alpha-\beta)/3$ と計算でき，$\beta=2\alpha$ のとき $A_2=0$ とすることができます．これをベクトルで表現すると $\begin{pmatrix} \alpha \\ \beta \end{pmatrix} = \alpha \begin{pmatrix} 1 \\ 2 \end{pmatrix}$ となります．同じ論理で $A_1=0$ とする初期条件の組合せは $\alpha=2\beta$ と計算でき，これをベクトルで表現すると $\begin{pmatrix} \alpha \\ \beta \end{pmatrix} = \beta \begin{pmatrix} 2 \\ 1 \end{pmatrix}$ となります．

ところで例題 1 で計算した特性根は，$\begin{pmatrix} c_1 \\ c_2 \end{pmatrix}$ をゼロベクトルでない任意の定数ベクトルとして，(4-14)式右辺の係数行列から作られる関係式，

$$\begin{pmatrix} \lambda-5/2 & 1 \\ -1 & \lambda \end{pmatrix} \begin{pmatrix} c_1 \\ c_2 \end{pmatrix} = \begin{pmatrix} 0 \\ 0 \end{pmatrix}$$

をもとに計算されるものです．この式に $\lambda=1/2$ を代入すれば $\begin{pmatrix} c_1 \\ c_2 \end{pmatrix} = c_1 \begin{pmatrix} 1 \\ 2 \end{pmatrix}$ であり，$A_2=0$ とする初期条件の組合せを示すベクトルに相当します．このベクトルの示す方向が線分 AA に該当し，対応する特性根はこのベクトルを縮める方向に作用することを表しています．そして上の関係式に $\lambda=2$ を代入すれば $\begin{pmatrix} c_1 \\ c_2 \end{pmatrix} = c_2 \begin{pmatrix} 2 \\ 1 \end{pmatrix}$ であり，$A_1=0$ とする初期条件のベクトルに相当します．

---

11) 位相図にしたときに AA や BB のような線分が 2 本あり，そのいずれもが定常値へ収束（ないしは発散）するような定常値のことを**結節点**といい，厳密には収束する場合（安定結節点）を沈点，発散する場合（不安定結節点）を湧点とよびます．

このベクトルの方向が線分 BB を決め，その特性根はこのベクトルを引き延ばす作用をもつことが分かります．つまり，連立差分方程式の一般解から任意定数のいずれかをゼロにするような境界条件の組合せ（定数ベクトル）は，位相図を作図したときの線分 AA および BB の方向を決定し，それに対応する特性根が線分上にあるベクトルをどの程度伸縮させるかを決定するわけです．

　以上のことから，位相図にもとづく運動方向を吟味すれば，計算せずとも AA や BB に対応する線分が何本（2 階差分方程式は最大 2 本）[12] 存在し，その方向によって解の性質が明確にできるということです．

練習問題

問題 1

　数列 $\{x_n\}$ に関する差分方程式 $6x_n = x_{n-1} + x_{n-2}$（$n = 0, 1, \cdots$）を，初期条件 $x_0 = 0, x_1 = 1$ として一般項を求めなさい．

〔H18年度　大阪市立大学〕

問題 2

以下の問に答えなさい．

①　次の条件を満たす正方行列 A を求めなさい．

$$\begin{pmatrix} 1/2 \\ 1 \end{pmatrix} = A \begin{pmatrix} 1 \\ 2 \end{pmatrix}, \quad \begin{pmatrix} 4 \\ 2 \end{pmatrix} = A \begin{pmatrix} 2 \\ 1 \end{pmatrix}$$

②　①で求めた行列 A を使い，任意の $t \geq 1$ について，

$$\boldsymbol{a}_{t+1} = A\boldsymbol{a}_t$$

を満たすような 2 次元ベクトル $\boldsymbol{a}_t \equiv \begin{pmatrix} x_t \\ y_t \end{pmatrix}$ の点列 $\boldsymbol{a}_1, \boldsymbol{a}_2, \cdots$ を定義しよう．

$\boldsymbol{a}_1$ がゼロでない実数 α を用いて，

$$\boldsymbol{a}_1 = \begin{pmatrix} \alpha \\ 2\alpha \end{pmatrix}$$

---

12)　複素数の場合には AA や BB のような線分は存在しません．特性根が複素数の場合，定数ベクトルの成分も複素数になるからです．ちなみに特性根が複素数になる定常値のことを，**渦心点**といいます．

と与えられるとき，点列 $\boldsymbol{a}_1, \boldsymbol{a}_2, \cdots$ は t が大きくなるにつれて原点に近づくこと，すなわち，

$$\lim_{t \to \infty} |\boldsymbol{a}_t| = 0$$

が成り立つことを示しなさい．ここで $|\boldsymbol{a}_t|$ はベクトル $\boldsymbol{a}_t$ の長さを表すものとする．

③　②において，$\boldsymbol{a}_1$ がゼロでない実数 β を用いて，

$$\boldsymbol{a}_1 = \begin{pmatrix} 2\beta \\ \beta \end{pmatrix}$$

と与えられるとき，点列 $\boldsymbol{a}_1, \boldsymbol{a}_2, \cdots$ は t が大きくなるにつれて原点から遠ざかること，すなわち，

$$\lim_{t \to \infty} |\boldsymbol{a}_t| = +\infty$$

が成り立つことを示しなさい．

〔H18年度　東北大学（抜粋）〕

第 5 章

━━━━━━━━━◆━━━━━━━━━

積分法および微分方程式

　前章に引き続き，本章では変数の時間的推移の記述に便利な微分方程式に関する例題を見ていくことにします．その際積分法の知識が必要であるのと，積分計算が入試問題で比較的高い頻度で出題されているため，これに関する事項についても合わせて解説していくことにします．そして前章と本章を通じて差分方程式と微分方程式がほぼ同じものであることを押さえましょう．

1．積分法

　周知の通り底辺 h，高さ r の直角三角形の面積は $\frac{1}{2}hr$ です．ここで直角三角形の斜辺を $f[x]=ax\ (a>0)$ としてこの関数上に点 $(x, ax)=(h, r)$，をとれば，この点と原点および点 $(h, 0)$ で作られる直角三角形の面積は一般に $\frac{1}{2}ax^2 \equiv F[x]$ と書くことができます．ここで $F[x]$ を微分すれば $F'[x]=ax=f[x]$ という関係が成り立ちます．これは $f[x]$ が $F[x]$ の導関数であることを表していますが，逆に見れば，何らかの演算を通じて $f[x]$ から $F[x]$ を導出できるのではないか．こうして微分の逆演算としての積分が定義されます．

1. 1. 不定積分
　さて $f[x]$ は $F[x]$ の導関数だと説明しましたが，適当な定数を C（これが積分定数）とすれば，

$$\frac{d(F[x]+C)}{dx}=F'[x]=f[x]$$

であり，$f[x]$ から $F[x]+C$ も導出できます．この事実は $f[x]$ からの演算結果がいくつもあることを表しており，ゆえに $f[x]$ から導出した $F[x]$ のことを**不定積分**（あるいは**原始関数**）といい，

$$\int f[x]\,dx = F[x]+C \tag{5-1}$$

と表記します．通常積分法において $f[x]$ のことを**被積分関数**，x のことを**積分変数**といいます．

以下では，第2章で見たさまざまな関数の不定積分を示しておきます（ただし，特に断りのない限り以下では積分定数は省略します．そして不定積分した結果を微分すれば，もとの被積分関数に戻ることを各自で確認してください）．

① $f[x]=x^n$（ただし $n\neq-1$）：$\displaystyle\int x^n dx = \frac{x^{n+1}}{n+1}$ [1]

② $f[x]=\dfrac{1}{x}$：$\displaystyle\int \frac{1}{x}\,dx = \log|x|$

③ $f[x]=e^x$：$\displaystyle\int e^x dx = e^x$

④ $f[x]=\sin x$：$\displaystyle\int \sin x dx = -\cos x$

⑤ $f[x]=\cos x$：$\displaystyle\int \cos x dx = \sin x$

⑥ $h[x]=f[x]+g[x]$：$\displaystyle\int (f[x]+g[x])\,dx = \int f[x]\,dx + \int g[x]\,dx$

⑦　部分積分法：

第2章第1節でみた積関数 $h[x]=f[x]g[x]$ の微分公式 (2-4)式の両辺を積分します．

$$\int h'[x]\,dx = f[x]g[x] = \int f'[x]g[x]\,dx + \int f[x]g'[x]\,dx$$

ここで右辺第1項を移項して，

$$\int f[x]g'[x]\,dx = f[x]g[x] - \int f'[x]g[x]\,dx \tag{5-2}$$

---

1)　$n=0$ のときこれは定数1の不定積分を表しており，一般に定数の不定積分が1次関数になることを表しています．

が得られ，この関係式を使って積分することを**部分積分法**といいます[2)].

⑧　置換積分法：

不定積分 $\int f[x]\,dx$ において $x=g[t]$ であるとします．このとき $dx=g'[t]\,dt$ なので，x と dx を置き換えて，

$$\int f[x]\,dx=\int f[g[t]]g'[t]\,dt \tag{5-3}$$

が得られます．これによって不定積分を計算する方法を**置換積分法**といいます．(5-3)式から導出できますが，(2-8)式の両辺を積分した，

$$\int \frac{f'[x]}{f[x]}\,dx=\log|f[x]| \tag{5-4}$$

もよく使われる積分公式です．

以上の公式を使った例題を見ていくことにしましょう．

例題1

　次の不定積分を求めよ．

① $\displaystyle\int x^2(\log x)\,dx$　　　　　　　　〔H16年度　大阪市立大学〕

② $\displaystyle\int \frac{-3x^2}{(x^3+a^3)^{n+1}}\,dx$　（ただし n,a は定数）　〔H19年度　東北大学〕

③ $\displaystyle\int \frac{1}{(x-3)(x+2)}\,dx$　　　　　〔H12年度　大阪市立大学〕

---

①　$x^2=\left(\dfrac{1}{3}x^3\right)'$ と考えて部分積分法を使います．

$$\int x^2\log x\,dx=\frac{1}{3}x^3\log x-\int \frac{1}{3}x^3\cdot\frac{1}{x}\,dx=\frac{1}{9}x^3(3\log x-1)$$

この計算で重要なことは，対数関数を積分計算からいかに消去するかにありま[3)]す．

2）これを使って対数関数の不定積分が計算できます．$f[x]=\log x,g[x]=x$ としてこれらを(5-2)式に代入します．

$$\int(\log x)\,dx=x(\log x)-\int x\cdot\frac{1}{x}\,dx=x(\log x-1)$$

② 分母にある x^3+a^3 を x で微分すれば $3x^2$ であって，分子にマイナスをつけたものに一致します．このことに目をつけて $x^3+a^3=t$ とすれば $dt=3x^2dx$ であり，これを与式に代入して置換積分法を利用します．[4)]

$$\int \frac{-3x^2}{(x^3+a^3)^{n+1}} dx = -\int \frac{1}{(x^3+a^3)^{n+1}} 3x^2 dx = -\int \frac{1}{t^{n+1}} dt = \frac{1}{nt^n} = \frac{1}{n(x^3+a^3)^n}$$

③ これは部分積分法も置換積分法も使えそうにありません．そこで被積分関数そのものを積分できる形に変形することを考えます．たとえばこれが a,b を定数として，

$$\frac{a}{x-3} + \frac{b}{x+2}$$

とできるなら，$x-3=t, x+2=s$ と変数変換して置換積分法が利用できます．そこで上式を通分します．

$$\frac{a}{x-3} + \frac{b}{x+2} = \frac{(a+b)x+(2a-3b)}{(x-3)(x+2)}$$

被積分関数分子との対応から $(a+b)x+2a-3b=1$ でなければならず，ここから a,b の組合せが $(1/5, -1/5)$ と計算できます．このように多項式からなる分数（有理）関数を（分母の因数に注目して）分解することを**部分分数展開**といいます．よって $x-3=t, x+2=s$ とおけば $dx=dt=ds$ だから，

$$\int \frac{1}{(x-3)(x+2)} dx = \frac{1}{5}\int \frac{1}{t} dt - \frac{1}{5}\int \frac{1}{s} ds = \frac{1}{5}\log|t/s| = \frac{1}{5}\log\left|\frac{x-3}{x+2}\right|$$

が答えになります．

1. 2. 定積分

積分法は求積法ともよばれ，さまざまな図形や立体の面積や体積を計算する際に利用されています．そこでここでは $y=f[x]$ から作られる図形の面積を求めることを通じて，**定積分**を押さえることにしましょう．

---

3) ここで積分した原始関数を $F[x]$ として，答えを微分します．
$$F'[x] = (1/3)x^2(3\log x - 1) + (x^3/9)(3/x) = x^2\log x$$
これはこの例題の被積分関数に一致し，計算結果が正しいことが確認できます．以下各自で確認してください．

4) ただしこの答えは $n \neq 0$ のケースであることに注意してください．$n=0$ ならば(5-4)式から $-\log|x^3+a^3|$ になります．

x にある区間 $I=[a,b]$ を定め，これに対応して定まる変数 y を $f[x]$ とします．そしてこの区間において，y は有限の最大値 M と最小値 m をもつものとします．通常これは，

$$M=\sup_{x\in I}f[x],\ m=\inf_{x\in I}f[x]$$

と表記します．

　ここで定めた区間を $a=x_0<x_1<\cdots<x_{n-1}<x_n=b$ のように分割します．そして x_{i-1} と x_i の間の区間を $I_i\ (i=1,2,\cdots,n)$ とします．いま $f[x]$ が区間 I で有限の最大値と最小値をもちますから，分割した各区間 I_i においても有限の最大値と最小値をもつはずです．そこでこれらを，

$$M_i=\sup_{x\in I_i}f[x],\ m_i=\inf_{x\in I_i}f[x]$$

と書くことにします．これをもとに，次の2つの値を定義します．

$$S=\sum_{i=1}^{n}M_i(x_i-x_{i-1}) \tag{5-5a}$$

$$s=\sum_{i=1}^{n}m_i(x_i-x_{i-1}) \tag{5-5b}$$

ここで $M_i(x_i-x_{i-1})$ は区間 I_i の幅を底辺，その区間における $f[x]$ の最大値を高さとする長方形の面積，$m_i(x_i-x_{i-1})$ は同じ幅を底辺としその区間の $f[x]$ の最小値を高さとする長方形の面積であり，これらの区間 I における合計を(5-5)式は表しています．図5-1の上側には，区間 I を2分割したときの(5-5)式を図示しており，この図の薄い陰部分が(5-5b)式であり，それに濃い陰部分を加えたものが(5-5a)式に対応します．つまりこの場合 $S>s$ であることが分かります．

　ここで上側の図において x_1 の位置を固定して区間 I_1,I_2 をさらに2分割して，左から $x_0,\cdots,x_4$ と4分割にします．そのときの(5-5)式が図の下側に描かれています．上の図の x_1 の位置と下の図の x_2 の位置が同じであることに注意して左半分の陰部分を上下比較すると，薄い陰部分は確実に大きくなり，濃い陰部分が小さくなっています（それでも $S>s$ です）．この結果は，区間 I で分割を増やすことで(5-5a)式は小さく，(5-5b)式は大きくなることを意味しています．すると分割を十分大きくすると $S=s$，すなわち(5-5)の a,b 式が一致する状況が出現します．この一致した値のことを区間 I における $f[x]$ の定積分

（正確には**リーマン積分**）と
よび，

$$\int_a^b f[x]\,dx$$

と書くわけです．

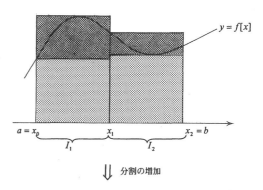

　定積分において b を上端，
a を下端といい，今まで定義
した区間 I を積分区間とい
います．そして定積分の計算
は（厳密な証明はしません
が），

$$\int_a^b f[x]\,dx = F[b] - F[a]$$

すなわち $f[x]$ の不定積分
$F[x]$ を求め，そこに上端を
代入した値から下端を代入し
た値を引くことで求められる
ことが知られています [5]．先に
不定積分を計算するので，

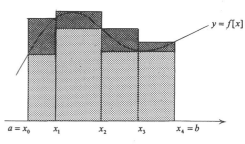

図 5-1　（5-5)式の大きさ

$$\int_a^b f[x]\,dx = \left[F[x]\right]_{x=a}^{b}$$

と書いておくと計算過程がみやすくなります．そして定積分の計算については
前項の積分公式のすべてが利用できます．

　では実際の入試問題を見ていくことにしましょう．

例題 2

　次の定積分を求めよ．

① $\displaystyle\int_0^1 (x+1)(x-2)\,dx$　　　　　　　〔H17年度　東北大学〕

---

② $\displaystyle\int_1^e x^{-1}dx$ 〔H17年度　東北大学〕

③ $\displaystyle\int_0^\infty e^{-ax}dx$ （ただし$a>0$） 〔H13年度　大阪市立大学〕

① $(x+1)(x-2)=x^2-x-2$ だから，和関数の積分公式が利用できます．

$$\int_0^1 (x+1)(x-2)\,dx=\left[\frac{1}{3}x^3\right]_{x=0}^1-\left[\frac{1}{2}x^2\right]_{x=0}^1-2\left[x\right]_{x=0}^1=-\frac{13}{6}$$

② $f[x]=1/x$ の積分公式を使います．

$$\int_1^e x^{-1}dx=\left[\log|x|\right]_{x=1}^e=1$$

③　与式の上端が無限大であって，積分区間がどこまでも広がっている状況です．この場合，上端を t とおいて，

$$\int_0^t e^{-ax}dx\equiv I[t] \tag{5-6}$$

を計算し，$t\to\infty$ のときの $I[t]$ の極限 $\displaystyle\lim_{t\to\infty}I[t]$ を計算します．これが有限値となるとき，この積分を**第1種の広義積分**といいます[6]．

さて $(e^{-ax})'=-ae^{-ax}$ であるので，与式の不定積分は $-\dfrac{1}{a}e^{-ax}$ となることを利用して(5-6)式を計算します．

$$I[t]=\int_0^t e^{-ax}dx=\left[-\frac{1}{a}e^{-ax}\right]_{x=0}^t=-\frac{1}{a}(e^{-at}-1)$$

ここで $t\to\infty$ のとき $e^{-at}\to0$ だから，$\displaystyle\lim_{t\to\infty}I[t]=1/a$ となり，これが答えになります．

---

6)　もう1つの広義積分として，積分区間の端点で$|f[x]|$が無限大となるケースです．たとえば区間 $[a,b]$ で $x=a$ において $f[x]$ が無限大に発散するときは，$\varepsilon>0$ として，

$$\int_{a+\varepsilon}^b f[x]dx\equiv I[\varepsilon]$$

を計算し，$\varepsilon\to0$ のときの極限 $\displaystyle\lim_{\varepsilon\to0}I[\varepsilon]$ を求めます．これが有限値をとったとき，この積分を**第2種の広義積分**といいます．

2．微分方程式

　以上の積分に関する知識を念頭において，本節では微分方程式に関する事項を解説していきます．なお本節以下では t を独立変数，y を従属変数とする関数 $y[t]$ を y_t と表記します．また関数 y_t の微分 dy_t/dt を $\dot{y_t}$ と表記することにします．

2．1．1階微分方程式の解法

　関数 y_t とその1階導関数 $\dot{y_t}$ との間に a, b を定数係数として，

$$\dot{y_t} - ay_t = b \tag{5-7}$$

という関係があるとき，これを**1階微分方程式**といいます．そして差分方程式と同様定数項がゼロのとき同次方程式，非ゼロのとき非同次方程式といいます．

　まず同次方程式での関数 y_t を求めます．そのために(5-7)式において $b=0$ として両辺を y_t で割ります．

$$\frac{\dot{y_t}}{y_t} = a$$

ここで左辺は対数微分法(2-8)式より $d(\log y_t)/dt$ と書くことができるので，両辺を不定積分します．その際，積分定数を明示しておきます．

$$\int \frac{d(\log y_t)}{dt} dt = \log y_t + C_1 = \int a dt = at + C_2$$

そして $C_2 - C_1 = C$ とすれば $\log y_t = at + C$ となり，$e^C = A$ として，

$$y_t = A e^{at} \tag{5-8}$$

が同次方程式の一般解となります．

　別解として定積分を用いる方法があります．積分区間を $[\alpha, \beta]$ として実際に計算すると，

$$\int_\alpha^\beta \frac{d(\log y_t)}{dt} dt = \log y_\beta - \log y_\alpha = \int_\alpha^\beta a dt = a(\beta - \alpha)$$

より，$y_\beta/y_\alpha = e^{a(\beta-\alpha)}$ が得られます．ここで $y_\alpha = Y$ の境界条件を与え，$\alpha = 0$，$\beta = t$ とおけば $y_t = Y e^{at}$ となります．これを(5-8)式と区別して同次方程式の確定解といいます．

　次に $b \neq 0$ の非同次方程式の解を計算しましょう．同次方程式の解を参考に，(5-7)式の両辺に e^{-at} をかけます．

$$\dot{y}_t e^{-at} - ay_t e^{-at} = be^{-at}$$

ここで左辺は積関数の微分公式(2-4)式より $d(y_t e^{-at})/dt$ であり，それを念頭に両辺を不定積分します．この場合にも積分定数を明示します．

$$\int \frac{d(y_t e^{-at})}{dt} dt = y_t e^{-at} + C_1 = \int be^{-at} dt = -\frac{b}{a} e^{-at} + C_2$$

そして $C_2 - C_1 = A$ として整理すると，

$$y_t = Ae^{at} - \frac{b}{a} \tag{5-9a}$$

と計算できます[7]．ここで $-b/a$ は $\dot{y}_t = 0$（これが微分方程式における定常状態の定義），すなわち y_t が動かないときの値（これが微分方程式における定常値）であり，（差分方程式と同様に）これを非同次方程式の特殊解といいます．つまり(5-9a)式は同次方程式の一般解と非同次方程式の特殊解との和であり，これで非同次方程式の一般解が与えられます．なお確定解に関しては(5-9a)式で $t=0$ とおいた $y_0 = A - b/a$ に Y という境界（初期）条件を与えて A を定め，これを(5-9a)式に戻すことで，

$$y_t = \left(Y + \frac{b}{a}\right) e^{at} - \frac{b}{a} \tag{5-9b}$$

となります[8]．

　最後に $e > 1$ であるので，1階微分方程式の収束・発散条件は以下で示されることが容易に分かります．

> 1階微分方程式の収束・発散条件：$t \to \infty$ のとき，y_t の値は次の値を満足する．
> ・$a < 0$ ならば定常値へ収束する．
> ・$a > 0$ ならば定常値から離れて発散する．

7）　これが(5-7)式の解になっていることを確認しましょう．そのために(5-9a)式を微分した式 $\dot{y}_t = aAe^{at}$ に(5-9a)式を代入します．

$$\dot{y}_t = a(y_t + b/a) = ay_t + b \to \dot{y}_t - ay_t = b$$

これで確認できました．

8）　もちろん同次方程式と同様，定積分を使って(5-9b)式を直接導出することもできます．

１階微分方程式の解は，１階差分方程式と異なり振動することがありません．その反面，定数項の存在は定常値に影響を及ぼしても解の収束・発散には影響しない性質は１階差分方程式と同じです．

2.2. ２階微分方程式の解法

関数 y_t においてその２階導関数 $d^2 y_t / dt^2 \equiv \ddot{y}_t$ を含んだ関係式，

$$\ddot{y}_t + a \dot{y}_t + b y_t = c \tag{5-10}$$

（ただし a, b, c は定数）が成立するとき，これを**２階微分方程式**といいます．ここではその解法についてみていくことにします．その際，前章第２節でみた２階差分方程式と同じ論理を踏襲します．

１階微分方程式の一般解が $Ae^{\lambda t}$ と書けましたから，２階微分方程式においてもこの解の形を持つと考えてみます．そこで(5-10)式において $c=0$ とおいた同次方程式にこの解を試します．すると，

$$\lambda^2 + a\lambda + b = 0$$

という特性方程式が得られ，その解（特性根）は，

$$\lambda = \frac{-a \pm \sqrt{a^2 - 4b}}{2} \tag{5-11}$$

で与えられます．この場合も２階差分方程式と同様，一般解は $Ae^{\lambda t}$ の形が２つ存在し，(5-11)式が異なる実数解（すなわち $a^2 > 4b$）のとき，

$$y_t = A_1 e^{\lambda_1 t} + A_2 e^{\lambda_2 t} \tag{5-12a}$$

重解（すなわち $a^2 = 4b$）のとき，

$$y_t = A_1 e^{\lambda t} + A_2 t e^{\lambda t} \tag{5-12b}$$

そして複素数（すなわち $a^2 < 4b$）のとき，実部 h と虚部 v を $h \equiv -a/2$, $v \equiv \sqrt{4b - a^2}/2$ として，

$$y_t = e^{ht}(A_1 \cos vt + A_2 \sin vt) \tag{5-12c}$$

---

9) 複素数の場合の一般解を正確に書けば，

$$y_t = B_1 e^{(h-vi)t} + B_2 e^{(h+vi)t} = e^{ht}(B_1 e^{-vit} + B_2 e^{vit})$$

となります．ここで e^{vit} は，指数関数と三角関数のマクローリン展開，

$$e^x = 1 + x + (1/2!)x^2 + (1/3!)x^3 + \cdots$$
$$\sin x = x - (1/3!)x^3 + (1/5!)x^5 - (1/7!)x^7 + \cdots$$
$$\cos x = 1 - (1/2!)x^2 + (1/4!)x^4 - (1/6!)x^6 + \cdots$$

と同次方程式の一般解をそれぞれ計算することができます[10].

　なお非同次方程式の一般解はこれまでと同様，$\ddot{y}_t = \dot{y}_t = 0$ という特定状況を指定したときの解 $y_t = c/b \equiv y^*$ がこの場合の特殊解として与えられ，これと (5-12)式との和で非同次方程式の一般解が与えられます[11].

2. 3.　2階微分方程式と連立微分方程式

　同次形の2階微分方程式を考えます．ここで $\dot{y}_t \equiv z_t$（これも t の関数）という変数変換を行うと，$\dot{z}_t = d\dot{y}_t/dt = \ddot{y}_t$ であるから，$c = 0$ とおいた(5-10)式は，

$$\begin{cases} \dot{z}_t = -az_t - by_t \\ \dot{y}_t = z_t \end{cases} \tag{5-13}$$

という（2元1次）**連立微分方程式**に書き換えることができます．ここで前章と同様の考えから，ベクトル $\begin{pmatrix} z_t \\ y_t \end{pmatrix}$ を X_t，X_t の各成分の1階導関数からなるベクトル $\begin{pmatrix} \dot{z}_t \\ \dot{y}_t \end{pmatrix}$ を $\dot{X}_t$，そして(5-13)式における係数行列 $\begin{pmatrix} -a & -b \\ 1 & 0 \end{pmatrix}$ を B

において $x = vt$ とおきます．すると，

$$e^{ivt} = 1 + (ivt) - (1/2!)(vt)^2 - (1/3!)i(vt)^3 + (1/4!)(vt)^4 + \cdots$$
$$= (1 - (1/2!)(vt)^2 + (1/4!)(vt)^4 - \cdots) + i(vt - (1/3!)(vt)^3 + (1/5!)(vt)^5 - \cdots)$$
$$= \cos vt + i\sin vt$$

になります．これと同じ操作をすれば，

$$e^{-ivt} = \cos vt - i\sin vt$$

が得られ，これらを一括して**オイラーの公式**といいます．これを最初に示した一般解に代入して定数の記号変換を行えば(5-11c)式が得られます．

10)　一般に(5-12)式が(5-10)式の解になっていることを確認します．そのために(5-12a)式の2階導関数まで求めます．

$$\dot{y}_t = \lambda_1 A_1 e^{\lambda_1 t} + \lambda_2 A_2 e^{\lambda_2 t}$$
$$\ddot{y}_t = \lambda_1^2 A_1 e^{\lambda_1 t} + \lambda_2^2 A_2 e^{\lambda_2 t}$$

この結果と(5-12a)式を $c = 0$ とした(5-10)式に代入します．

$$\lambda_1^2 A_1 e^{\lambda_1 t} + \lambda_2^2 A_2 e^{\lambda_2 t} + a(\lambda_1 A_1 e^{\lambda_1 t} + \lambda_2 A_2 e^{\lambda_2 t}) + b(A_1 e^{\lambda_1 t} + A_2 e^{\lambda_2 t})$$
$$= A_1 e^{\lambda_1 t}(\lambda_1^2 + a\lambda_1 + b) + A_2 e^{\lambda_2 t}(\lambda_2^2 + a\lambda_2 + b)$$

ここで λ_1, λ_2 は特性方程式の解であるから，右辺にある（ ）内は全てゼロになり，これで確認できます．

11)　厳密な証明はできませんが，2階微分方程式の解が定常値へ収束するための条件は (i) $a > 0$, (ii) $ab > 0$（(i)を満たしていれば $b > 0$）を同時に満たすことが知られており，これを**ルース・フルビッツの定理**といいます．

とおけば，(5-13)式は $\dot{X}_t = BX_t$ と簡単に表記することができます．この表現はもっとも単純な1階微分方程式に相当し，$C = \begin{pmatrix} c_1 \\ c_2 \end{pmatrix}$ を定数ベクトルとして，この一般解を $X_t = Ce^{\lambda t}$ と書くことにします．これを微分方程式に代入して整理すると $(\lambda I - B)C = 0$ となり，前章と同じ理由から $|\lambda I - B| = 0$ でなければなりません．これを実際に計算すると，

$$\begin{vmatrix} \lambda + a & b \\ -1 & \lambda \end{vmatrix} = \lambda^2 + a\lambda + b = 0$$

と先ほど見た特性方程式と同じになります．つまり2階微分方程式においても，これと連立微分方程式は同じものであることが分かります．この結果を用いた例題を見ることにしましょう．

例題3

　以下の連立微分方程式を解きなさい．

$$\begin{cases} \dot{x}_t = 5x_t - 3y_t \\ \dot{y}_t = 3x_t - 5y_t \end{cases}$$

〔H13年度　大阪市立大学（改題）〕

ここでの係数行列は $B = \begin{pmatrix} 5 & -3 \\ 3 & -5 \end{pmatrix}$ なので，特性方程式は，

$$\begin{vmatrix} \lambda - 5 & 3 \\ -3 & \lambda + 5 \end{vmatrix} = \lambda^2 - 16 = 0$$

となり，$\lambda = \pm 4$ が特性根として計算できます．そして A_1 をゼロでない定数として $\lambda = -4$ に対応する定数ベクトルは $A_1 \begin{pmatrix} 1 \\ 3 \end{pmatrix}$，$A_2$ をゼロでない定数として $\lambda = 4$ に対応する定数ベクトルは $A_2 \begin{pmatrix} 3 \\ 1 \end{pmatrix}$ とそれぞれ計算できます．よって求める一般解は，

$$\begin{cases} x_t = A_1 e^{-4t} + 3A_2 e^{4t} \\ y_t = 3A_1 e^{-4t} + A_2 e^{4t} \end{cases} \tag{5-14}$$

となります．

3. 微分方程式の解を視覚的に捉える ～位相図～

　前章と同様，微分方程式でも計算をしなくても位相図を通じて解の性質を把握することができます．本節ではこのことについて解説することにします．

3. 1. 1階微分方程式

　1階微分方程式の位相図を描くに当たって，(5-7)式を用います．なおここでは $b>0$ を仮定します．図 5 - 2 (a) では $a<0$，(b) では $a>0$ における(5-7)式を描いています．ところがその形状は1階差分方程式から導出した(4-13)式と同じで，ゆえに y_t の動く性質も(4-13)式に一致します．

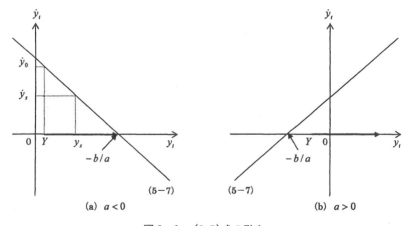

図 5 - 2　(5-7)式の動き

　すなわち，たとえばケース(a)のように初期条件 $y_0 = Y$ を図の位置に指定すると，そのもとで $\dot{y_0}>0$ であり，y_t は Y から増加します．そして $s>0$ を満たす任意の s における y_s が図の位置で与えられたとすると，このもとでも $\dot{y_s}>0$ であって，y_t は y_s から増加します．しかし図から $\dot{y_0}>\dot{y_s}$ であって増加自体は小さくなります．すると y_t はやがて(5-7)式と横軸の交点に到達し，そのもとで $\dot{y_t}=0$ だから，この結果は1階微分方程式(5-7)式の解が定常値に収束することを表しています．他方ケース(b)ではこれまでの話がすべて逆になるから，$Y \neq -b/a$ である初期条件のもとで(5-7)式の解は定常値から離れて

発散することが分かります．

3．2．2階微分方程式

　ここでは例題3の結果を使って，2階微分方程式の位相図を導出します．その前段階として，前章と同じ方法で与えられた連立微分方程式から位相線を導出し，そこから x_t, y_t の動く性質を個別に確定していきましょう．

　最初に与式で $\dot{x_t} = \dot{y_t} = 0$ とおいて，位相線を導出します．

$$\begin{cases} \dot{x_t} = 0 \Leftrightarrow y_t = (5/3)\,x_t \\ \dot{y_t} = 0 \Leftrightarrow y_t = (3/5)\,x_t \end{cases}$$

$\dot{x_t} = 0$ を満たす位相線は図5-3の左上に描かれています．この位相線上に (x_t, y_t) の組合せがあるとき，$(x_t$ が横軸にあることを念頭におけば）この点は上下に動き得ても左右に動くことはありません．他方位相線より上（下）に (x_t, y_t) の組合せがあるとき，その組合せは $5x_t - 3y_t < (>)0$ という不等式を満足し，元に戻って $\dot{x_t} < (>)0$，図でいえばこの点が左（右）方向に動くことを意味します．同じ要領で $\dot{y_t} = 0$ を満たす位相線は図の右上に描かれています．この線上に (x_t, y_t) の組合せがあるとき，この点は左右に動き得ても上下には動きません．そしてこの位相線よりも上（下）に (x_t, y_t) の組合せがあれば，この点は $3x_t - 5y_t < (>)0$，すなわち $\dot{y_t} < (>)0$ という不等式を満足します．この結果を図に反映させれば，この位相線よりも上（下）にある任意の (x_t, y_t) の組合せは下（上）方向に動くことを示しています．

　前章と同様に2つの位相線を1つの図に重ねます．それが図5-3の下に描かれています．これも2つの位相線によって4つの領域に区分され，各領域において大まかな運動方向が明らかとなります．たとえば図の領域①は $\dot{x_t} > 0$，$\dot{y_t} > 0$ であり，この領域内にある任意の点が上方向と右方向の力を同時に受けることを意味します．よってこの領域にある点は（大雑把に見て）北東方向に動きます．同じ要領で他の領域の運動方向を確定すると，領域②では南東方向，領域③では南西方向，そして領域④では北西方向となります．そしてこの連立微分方程式の定常値は，2つの位相線の交点である原点に対応します．

　さて微分方程式においても，初期条件 (x_0, y_0) が定まらなければ方程式の解は確定しません．しかし図5-3でいえば，初期条件の組合せがどこに位置

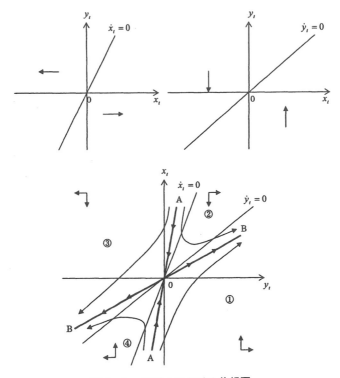

図 5 - 3　例題 3 における位相図

しているかで解の動きを把握できます．偶然ですが，この図は図 4 - 3 とほとんど同じ姿となっています．すなわち線分 AA 上に初期条件があれば，(x_t, y_t) の組合せはまっすぐ定常値（原点）に収束し，線分 BB 上に初期条件があれば (x_t, y_t) の組合せはまっすぐ定常値から離れて発散します．そしてそれ以外の任意の点を初期条件として与えても，(x_t, y_t) の組合せは最終的に線分 BB に沿って発散します．こうして例題 3 のおける定常値の性質は（図 4 - 3 と同様）鞍点であることが分かります．

　最後に，連立微分方程式においても定数ベクトルが線分 AA および BB の方向を決定することを確認しましょう．(5-14)式において $t=0$ を代入して初期条件 $(x_0, y_0)=(\alpha, \beta)$ を与えます．すると，

$$\begin{cases} A_1 + 3A_2 = \alpha \\ 3A_1 + A_2 = \beta \end{cases}$$

が得られ，簡単に，

$$(A_1, A_2) = \left(\frac{3\beta - \alpha}{8}, \frac{3\alpha - \beta}{8} \right)$$

が計算できます．ここで線分 AA 上に初期条件があるためには $A_2 = 0$ であればよく，α を任意の定数とすれば $\begin{pmatrix} \alpha \\ \beta \end{pmatrix} = \alpha \begin{pmatrix} 1 \\ 3 \end{pmatrix}$ であって，特性根が $\lambda = -4$ のときの定数ベクトルに相当します．同じ要領で線分 BB 上に初期条件があるとき，β を任意の定数として $\begin{pmatrix} \alpha \\ \beta \end{pmatrix} = \beta \begin{pmatrix} 3 \\ 1 \end{pmatrix}$ であり，これは $\lambda = 4$ のときの定数ベクトルに相当します．

練習問題

問題1 以下の不定積分を求めなさい．

① $\int x^2 e^x dx$ 〔H20年度　東北大学〕

② $\int x (\cos x)\, dx$ 〔H12年度　大阪市立大学〕

③ $\int (3x-5)^n dx$ 〔H20年度　東北大学〕

問題2 以下の定積分を求めなさい．

① $\int_0^1 \frac{1}{1+e^x}\, dx$ 〔H16年度　大阪市立大学〕

② $\int_0^\infty 2^{-x} dx$ 〔H17年度　東北大学〕

問題3 次の連立微分方程式を解きなさい．

① $\begin{cases} \dot{x}_t = 3y_t \\ \dot{y}_t = -(2/3) x_t + 3y_t \end{cases}$ 〔H16年度　大阪市立大学〕

② $\begin{cases} \dot{x}_t = -2x_t + 7y_t \\ \dot{y}_t = 2x_t - 5y_t \end{cases}$ 〔H13年度　大阪市立大学（改題）〕

第6章

連立方程式によるマクロ経済分析〔Ⅰ〕
～乗数理論と IS-LM 分析～

　本章からは本格的にマクロ経済学に関する入試問題を解説していきます．この分野は，**ケインズ**が1936年に出した『雇用・利子および貨幣の一般理論』を起源にもつ比較的新しい分野です．ケインズはこの本でさまざまなことを主張しましたが，その１つが不況の原因は**有効需要**の不足にあり，それを脱却するためには（有効需要を下支えするための）積極的な政府介入，とりわけ**財政政策**の発動が必要だということです．

　その後多くの経済学者によってケインズ理論の精緻化が行われ，その１つの集大成が本章でみていく連立方程式で記述される**乗数理論**と **IS-LM 分析**です．このことを念頭において，いくつかの例題についてみていくことにしましょう．

1．乗数理論

1．1．基本的性質

例題1

　次のようなマクロ経済モデルを考える．

$$Y = C + I + G \tag{6-1}$$

ここで Y, C, I, G はそれぞれ GDP（国内総生産），家計部門の消費支出，企業部門の投資支出，政府支出の水準を表す．また消費支出 C は家計部門の可処分所得 $Y - T$（T は課税額）の関数であり，

$$C = A + c(Y - T) \tag{6-2}$$

で与えられているものとする．ここで A, c はそれぞれ基礎的消費支出，限界消費性向（$0 < c < 1$）を表している．いま I, G, T, A, c がそれぞれ一

90

定額で与えられているとき，以下の問に答えよ．

① 政府のプライマリーバランスがゼロでない（$G \neq T$）[1] もとで，均衡GDP の水準を求めなさい．

② 政府が ΔG だけの政府支出を増大させたとき，均衡 GDP はどれだけ上昇，あるいは低下するか．ただしその財源は全額公債発行でまかなうものとする．

③ ②において財源を全額課税額の上昇（$\Delta G = \Delta T$）でまかなった場合はどうなるか．

④ プライマリーバランスがゼロである（$G = T$）もとで，均衡 GDPの水準を求めなさい．

⑤ ④のもとで政府が ΔG だけの政府支出を増大させたとき，均衡GDP はどれだけ上昇，あるいは低下するか．次の3つのケースについて答えなさい．

(a) 支出増加分のすべてを増税でまかなった場合

(b) 支出増加分の6割を増税でまかなった場合

(c) 支出増加分のすべてを公債発行でまかなった場合

〔H17年度　東北大学（改題）〕

(6-1)式は国内総生産でも**支出 GDP** に該当します．ところがこれには純輸出がありません．ということは，ここで考えている経済は外国との財・サービスの取引がない世界を考えています．この状況を**閉鎖経済**といいます．

① 基本設定は Y, C を内生変数とする連立方程式です．ここでは2式を満足する Y の値を求めればいいので，消費関数(6-2)式を(6-1)式に代入して，

$$Y = \frac{A + I + G - cT}{1 - c} \tag{6-3}$$

が答えになります．これで定まる GDP のことを**均衡国民所得**といいます．

②③ 比較静学分析から答えを出します．本章では微分記号 d を Δ に置き換えて，(6-3)式を G, T で全微分します．

---

1) プライマリーバランスとは，公債金を除くすべての歳入から国債費（公債に対する利払い）を除くすべての歳出を控除したものです．

$$\Delta Y = \frac{1}{1-c}\Delta G - \frac{c}{1-c}\Delta T \tag{6-4}$$

ここで一切の増税を伴わない（$\Delta T = 0$）ならば，

$$\Delta Y = \frac{1}{1-c}\Delta G \tag{6-5}$$

が得られます（②の答）．問題文の仮定から $1/(1-c)>1$ であり，(6-5)式は政府の支出増大（これが財政政策）がその数倍の GDP 増大をもたらすことを表しています．このことを**乗数効果**といい，それを引き出す根源 $1/(1-c)$ を**乗数**といいます.[2] ところが財政政策の財源のすべてを増税でまかなった場合（これを**均衡財政主義政策**という），$\Delta G = \Delta T$ を(6-4)式に代入して $\Delta Y = \Delta G$，すなわち財政政策規模と同額の GDP しか増大しないことが分かります[3]（③の答）．

④　このケースでは $G=T$ のもとでの均衡 GDP を求めることですから，(6-3)式にこの条件を当てはめて，

$$Y = \frac{A+I}{1-c} + G \tag{6-6}$$

と計算できます．

⑤　ここでは微分を用いない方法で答えを出します．当初 $G=T$ を満たしているもとで政府が ΔG だけの財政政策を行ったとします．このとき ΔT だ

2）　これは初項 1，公比 c の等比数列の和になっています．このことを**三面等価の原則**を通じて確認していきます．

　政府が ΔG だけ支出を増加させると(6-1)式より支出 GDP が ΔG だけ上昇します．ケインズの有効需要の原理にしたがえば需要の拡大で生産は一義的に拡大しますから，**生産 GDP** も ΔG だけ上昇します．増えた生産 GDP は所得として分配されますから，**分配 GDP** も ΔG だけ上昇します．ところが経済全体の所得増加が(6-2)式より消費需要を $c\Delta G$ だけ上昇させますから，支出 GDP もその分だけ拡大します．となれば生産 GDP も分配 GDP も同一量だけ拡大しますから，それが再び消費需要を $c^2\Delta G$ だけ上昇させます．ケインズ（およびケインズ派）が景気対策としての財政政策の有効性を主張する裏には，消費需要を誘発するからだと理解することができます．

　こうした消費需要の誘発は完全に消えるまで持続しますから，最終的な均衡 GDP の変化分は(4-3)式より，
$$\Delta Y = \Delta G + c\Delta G + c^2\Delta G + \cdots = (1+c+c^2+\cdots)\Delta G = \Delta G/(1-c)$$
となるわけです．

3）　先の脚注を踏まえると，この結果が得られる理由がよく理解できます．財政政策発動直後に経済全体に分配される所得 ΔG のすべてが課税 ΔT で吸収されてしまい，消費需要を誘発できないからです．

けの増税を伴えば連立方程式は，

$$\begin{cases} Y = C + I + G + \Delta G \\ C = A + c(Y - T - \Delta T) \end{cases}$$

に修正されます．この連立方程式を満たす均衡GDPを Y' とすれば，

$$Y' = \frac{A + I + \Delta G - c(\Delta T)}{1 - c} + G \tag{6-7}$$

となります．よってこのケースにおける均衡国民所得の変化は，(6-6)式および (6-7)式の差をとって，

$$Y' - Y \equiv \Delta Y = \frac{1}{1-c}\Delta G - \frac{c}{1-c}\Delta T$$

で与えられ，(6-4)式に一致することが分かります．これですべての答えが分かります．

(a) $\Delta G = \Delta T$ より $\Delta Y = \Delta G$,

(b) $\Delta T = (3/5)\Delta G$ より $\Delta Y = \dfrac{1 - (3/5)c}{1-c}\Delta G$,

(c) $\Delta T = 0$ より $\Delta Y = \dfrac{1}{1-c}\Delta G$.

例題2

Y：国民所得，C：消費，I：投資，G：政府支出，T：租税[4)]として，以下の諸式を考える．

$$Y = C + I + G$$
$$C = A + c(Y - T)$$
$$T = T_0 + tY \tag{6-8}$$

ただし A, c, T_0, t は定数で $0 < t < c < 1$ とし，また I, G は外生変数であるとする．

① 均衡国民所得を求めよ．

---

4) 国民経済計算上，国民所得とは GDP から資本減耗（減価償却費）と消費税相当額を控除し，補助金相当額を加算することで計測されます．特に断りのない限り，マクロ経済分析ではこれらの項目を一切考慮しませんから，GDP を国民所得と言い換えても差し支えありません．

> ② 政府が公債発行を財源に ΔG だけの政府支出を増加させたら，均衡国民所得はどれくらい変化するか．
>
> ③ ②で財源をすべて T_0 の増加（$\Delta G = \Delta T_0$）でまかなった場合，均衡国民所得はどれくらい変化するか．
>
> 〔H15年度　立命館大学（改題）〕

① 問題は(6-1)式, (6-2)式に(6-8)式を加えた3元連立方程式で与えられています．しかし求めるのが Y だけなので，例題1の方法をそのまま採用します．

$$Y = \frac{A+I+G-cT_0}{1-c(1-t)} \tag{6-9}$$

②③ 例題1の②③と同じ方法で答えを出します．まず(6-9)式を G, T_0 で全微分します．

$$\Delta Y = \frac{1}{1-c(1-t)}\Delta G - \frac{c}{1-c(1-t)}\Delta T_0$$

そして $\Delta T_0 = 0$ とすれば，

$$\Delta Y = \frac{1}{1-c(1-t)}\Delta G \tag{6-10}$$

が得られ（②の答），$c > t$ である限り，ここでの乗数 $1/\{1-c(1-t)\}$ は1を超えます．つまり，租税がGDPに依存するケースでも財政政策の財源を公債発行でまかなえば，その数倍の均衡国民所得の増大が実現できます．ところが $\Delta G = \Delta T_0$ の場合，

$$\Delta Y = \frac{1-c}{1-c(1-t)}\Delta G$$

であり，この場合の乗数 $\dfrac{1-c}{1-c(1-t)}$ は1を下回ります．つまりこのケースで均衡財政主義政策を行うと，$\Delta Y < \Delta G$ となる水準しか均衡国民所得は増加しません（③の答）．

1.2. 考察

以上の例題の解答から分かることについて少し触れてみたいと思います．

例題1から分かる点は，同一規模の財政政策を発動するのにどういった財源

（の組合せ）で発動するかで GDP に与える効果が違ってくるということです．この結論は（第11章で解説する）リカードの等価命題が成立しないことを意味します．とりわけ景気対策としての財政政策を少しでも効果のあるものにするためには，政策発動時点の財政状況を維持（すなわち均衡財政主義政策を採用）してはならず（②③と⑤の答から），必ず発動時点の財政状況を悪化させなければなりません．

　ならば「悪化してしまった財政状況をどう改善するのか？」という批判が出てきそうです．それに対する回答が「景気回復時の税収の自然増で大丈夫だ」というものです．本当にそうなのか，確認してみましょう．例題2で示した(6-8)式および(6-10)式を利用すれば，財政政策発動後のプライマリーバランスの最終的な変化は，

$$\Delta T - \Delta G = -\frac{(1-c)(1-t)}{1-c(1-t)}\Delta G < 0$$

であり，景気回復後においても財政状況は（政策発動前に比べて）改善されることはありません．これが例題2を通じて見えてくることです．ここから推測できることは，このモデルに依拠して景気動向に応じた財政政策を行うと，将来的な財政状況の悪化は避けられないことになります．だからこそ，近年の政府は（国民に多少の負担を強いても）財政状況の改善に必死になっていると理解することができます．

2．IS-LM 分析

2．1．基本的性質

例題3

　以下のマクロ経済モデルが与えられている．

$$Y = C + I + G$$
$$C = A + c(Y - T)$$
$$I = I_0 - br \tag{6-11}$$
$$\frac{M^D}{P} = L_0 + \alpha Y - \beta r \tag{6-12}$$

ただし $0<c<1, b>0, 0<\alpha<1, \beta>0$ とする．ここで名目貨幣供給量 $\bar{M}$ は政府によって制御されているものとする．また一般物価水準 P は正値で一定であるとする．以下の問題に答えなさい．

① $\bar{M}$ を一定として，政府支出の変化分 ΔG と国民所得の変化分 ΔY との相関関係式を導きなさい．また，政府支出乗数の正負を判別しなさい．

② G を一定として，名目貨幣供給量の変化分 $\Delta \bar{M}$ と国民所得の変化分 ΔY との相関関係式を導きなさい．また貨幣乗数の政府を判別しなさい．

③ ①および②において ΔY を等しくさせる $\Delta G/\Delta \bar{M}$ の値を求め，その正負を判別しなさい．

〔H13年度　龍谷大学〕

解答する前に，問題に示されていない記号の意味を明らかにしておきます．ここでの内生変数 Y, C, I および外生変数 G, T, A, c は前節の例題に示した通りです．r は利子率，M^D は貨幣需要で，これらがこのモデルでの内生変数に，$I_0, b, L_0, \alpha, \beta, \bar{M}, P$ が外生変数でそれぞれ追加されます．結局この体系は，Y, C, I, M^D, r の5つの内生変数を決定する連立方程式体系となります．でも方程式の数は (6-1), (6-2), (6-11), (6-12) の4本しかありません．これについては，中央銀行が貨幣供給量 $\bar{M}$ を M^D に一致するように制御すると仮定することで M^D を内生変数から排除でき，連立方程式体系を解くことができます．

この連立方程式を解くための準備作業をします．まず (6-2) 式および (6-11) 式を (6-1) 式に代入して，

$$(1-c)Y+br=A+I_0+G-cT \tag{6-13}$$

と Y, r の関係式を得ます．これ（を図示したもの）が **IS 曲線** で，財市場の均衡を満たす Y, r の組合せを表したものです．他方 (6-12) 式で $M^D=\bar{M}$ として，

$$\alpha Y-\beta r=\frac{\bar{M}}{P}-L_0 \tag{6-14}$$

と，これも Y, r の関係式を得ます．これ（を図示したもの）が **LM 曲線** で，金融市場の均衡を満たす Y, r の組合せを表したものです．[5] こうして乗数理論

の体系において(6-11)式で投資を内生化し,(6-12)式で金融市場の動きを追加することで財・金融の2市場の同時均衡をみるのが IS-LM 分析になります.

①②③　前節の手法を踏襲します．まず(6-13)式および(6-14)式を $Y, r, G, \bar{M}$ で全微分します．今回はその結果を行列で表示します．

$$\begin{pmatrix} 1-c & b \\ \alpha & -\beta \end{pmatrix} \begin{pmatrix} \Delta Y \\ \Delta r \end{pmatrix} = \begin{pmatrix} \Delta G \\ (1/P)\Delta \bar{M} \end{pmatrix} \tag{6-15}$$

これを解きますが，題意にしたがって ΔY の計算結果だけを示します．

$$\Delta Y = \frac{\beta \Delta G + (b/P)\Delta \bar{M}}{(1-c)\beta + b\alpha} \tag{6-16}$$

(6-16)式において $\Delta \bar{M} = 0$ とすれば，

$$\Delta Y = \frac{\beta}{(1-c)\beta + b\alpha} \Delta G \tag{6-17a}$$

であり，ここでの乗数 $\beta/\{(1-c)\beta + b\alpha\}$ は仮定されているパラメータ条件から正であることが分かります（①の答）．他方(6-16)式で $\Delta G = 0$ とすれば，

$$\Delta Y = \frac{b/P}{(1-c)\beta + b\alpha} \Delta \bar{M} \tag{6-17b}$$

であり，パラメータ条件から，ここでの乗数 $(b/P)/\{(1-c)\beta + b\alpha\}$ も正であることが分かります[6]（②の答）．$\Delta \bar{M} > 0$ である政策を**金融緩和政策**（反対に $\Delta \bar{M} < 0$ である政策を**金融引締政策**）といいます.(6-17b)式は，政府が金融緩和政策を実施すると均衡国民所得は確実に増大することを表しています．最

---

5)　名目貨幣量の需給一致で金融市場の均衡を表現するのは奇異に思われるかもしれません．ケインズは金融市場で取引される有価証券として債券（厳密には償還期限のない<u>コンソル債</u>）を考え，そして消費者の余剰資金の運用手段として債券と貨幣を考えていました．

　もし，消費生活のための貨幣保有（**取引動機**および**予備的動機**）と余剰資金運用手段の1つとしての貨幣保有（**投機的動機**）の経済全体の合計が明らかになれば，経済全体の債券需要も明らかになります．そして貨幣および債券の供給量も分かればこれらに対する<u>超過需要</u>が分かり，2つの超過需要の和がゼロになるもとで金融市場の均衡が成立することが知られています．ここでもし政府が貨幣需要に一致させるように貨幣供給量を制御するなら，上記の考え方から債券に対する超過需要もゼロになるはずです．これが**ワルラス法則**で，貨幣の需給一致を通じて債券市場が均衡し，そのもとで債券価格が $1/r$ に，すなわち利子率が決定されるとしたわけです．これがケインズの**流動性選好説**です．なお，ワルラス法則については『ミクロ講義』第6章で解説しています．

後に(6-17)の a, b 式が等しいならば,

$$\frac{\Delta G}{\Delta \bar{M}} = \frac{b}{\beta P} > 0$$

となり，これも正であることが分かります（③の答）.

例題4

　ある経済において財市場では，

$$Y = C + I + G$$
$$C = A + cY$$
$$I = I_0 - br$$

貨幣市場では，

$$\bar{M} = M^D$$
$$\frac{M^D}{P} = \alpha Y - \beta r$$

という関係が成立しているとする．ただし Y：国民所得，C：消費，I：投資，r：利子率，M^D：貨幣需要量，G：政府支出，$\bar{M}$：貨幣供給量，P：物価水準である．以下の問いに答えなさい.

① IS曲線およびLM曲線を求めなさい.

② 均衡国民所得および均衡利子率はそれぞれいくらになるか.

③ 政府が政府支出を ΔG だけ追加支出したとする．このとき，均衡国民所得はいくら増えるか.

④ $b = 0$ であるとき，政府が ΔG の追加支出をしたならば国民所得はいくら増えるか．またこの結果を③と比較したときに何がいえるのか．簡潔に答えよ.

⑤ 貨幣供給量 $\bar{M}$ とハイパワード・マネー量 H の間に $\bar{M} = \mu H$ の関係があるとする．このとき政府支出を ΔG だけ追加支出し，その財

6） その理由を見るために，(6-15)式で $\Delta G = 0$ とおいて解いた Δr をみてみましょう.

$$\Delta r = -(((1-c)/P)/\{(1-c)\beta + b\alpha\})\Delta \bar{M} < 0$$

これをみると，金融緩和政策を通じて均衡利子率が確実に低下します．そしてこの結果が(6-11)式より投資需要を確実に誘発させます．つまり金融緩和政策は，利子率の低下を引き起こすことで投資需要を誘発させる目的で発動するのだと理解できます.

　　源を中央銀行引受の公債発行でまかなうと，国民所得はいくら増加する

か．またこの結果を③と比較したときに何がいえるのか．簡潔に答えよ．

〔H15年度　大阪市立大学（改題）〕

　①　問題に設定されている諸式の基本は例題3と同じですから，IS曲線は(6-13)式で $T=0$ とおいたもの，そしてLM曲線は(6-14)式で $L_0=0$ とおいたものとして，それぞれ与えられます．

$$(1-c)Y+br=A+I_0+G \tag{6-18}$$

$$\alpha Y-\beta r=\frac{\bar{M}}{P} \tag{6-19}$$

　②③④　(6-18)式および(6-19)からなる連立方程式を解いて，

$$(Y,r)=\left(\frac{\beta(A+I_0+G)+b(\bar{M}/p)}{(1-c)\beta+b\alpha},\frac{\alpha(A+I_0+G)-(1-c)(\bar{M}/p)}{(1-c)\beta+b\alpha}\right) \tag{6-20}$$

と計算できます（②の答）．次にこれまでと同じ手法で(6-20)式を $Y,r,G,\bar{M}$ で全微分します．その組合せは，

$$(\Delta Y,\Delta r)=\left(\frac{\beta\Delta G+(b/P)\Delta\bar{M}}{(1-c)\beta+b\alpha},\frac{\alpha\Delta G-((1-c)/P)\Delta\bar{M}}{(1-c)\beta+b\alpha}\right) \tag{6-21}$$

となります．ここで $\Delta\bar{M}=0$ とおけば ΔY は(6-17a)式に一致します（③の答）．そして(6-17a)式で $b=0$ とおけば ΔY は(6-5)式に一致します．最後に両者の差を取ると，

$$\frac{\beta}{(1-c)\beta+b\alpha}\Delta G-\frac{1}{1-c}\Delta G=-\frac{b\alpha}{(1-c)\{(1-c)\beta+b\alpha\}}\Delta G<0$$

であり，(6-17a)式に比べて(6-5)式が大きいことが分かります．(6-5)式が金融市場を捨象したもとでの財政政策の効果を表していると考えれば，この例題での財政政策の発動は金融市場に影響を与えて，乗数効果が(6-5)式ほどに現出しないことを(6-17a)式は示しています．この現象を**クラウディング・アウト**といいます（④の答）．

　⑤　さて政府が財政政策を行うに当たって発行する公債ですが，これには「市中消化（金融市場で流通させる）」を通じて資金調達を行うのと，「中央銀行引受（金融市場を介さず中央銀行に直接保有してもらう）」で資金調達を行う2つがあります．市中消化の場合，発行された公債は一般投資家に保有され

るため，貨幣供給量は変わりません．ですが中央銀行に公債を引き受けさせた場合，その資金は中央銀行で鋳造された貨幣（ハイパワード・マネー）が充当されます．中央銀行から政府に移転されたハイパワード・マネーで財政支出がなされるので，これは貨幣供給量が増加する，すなわち公債の中央銀行引受による財政政策の実施は同時に金融緩和政策を発動するのと同じ効果を持ちます．問題文の記号で表せば，中央銀行引き受けによる財政政策は $\Delta G = \Delta H$ という関係が成立することであり，同時に貨幣供給量は $\Delta \bar{M} = \mu \Delta G$ だけ増加することになります。[7]

この問題における金融緩和政策の効果は(6-17b)式ですから，公債の中央銀行引受を伴う財政政策の実施によって，均衡国民所得は，

$$\Delta Y = \frac{\beta}{(1-c)\beta + b\alpha}\Delta G + \frac{b/P}{(1-c)\beta + b\alpha}\cdot \mu \Delta G = \frac{\beta + \mu b/P}{(1-c)\beta + b\alpha}\Delta G$$

だけ増大します．明らかなように(6-17a)式を比べて $\dfrac{\mu b/P}{(1-c)\beta + b\alpha}\Delta G$ だけ

---

7)　μ のことを**信用乗数**といいます．この成り立ちを簡単に解説します．

中央銀行が ΔH だけのハイパワード・マネーを市中銀行に貸し付けたとします．このとき市中銀行は全額消費者や生産者（以下民間部門）に貸し付けます（最初に投下されたハイパワード・マネーは**法定準備金**として中央銀行に預金する必要はないから）．民間部門に流れたハイパワード・マネーのうち，ϕ の割合（一定とする）だけ現金のまま保有すると仮定すれば，$(1-\phi)\Delta H$ の現金が市中銀行へ預金として還流します．民間銀行は増えた預金のうち θ の割合（これが**法定準備率**）を法定準備金として残し，$(1-\theta)(1-\phi)\Delta H$ の現金を再び民間部門へ貸し付けます．民間部門はこのうち割合 ϕ を現金のまま保有し，残りを銀行預金する…，このプロセスが永続していきます．よってこのプロセスを通じて増加する現金は(4-3)式より，

$$\phi \Delta H + \phi(1-\phi)(1-\theta)\Delta H + \cdots = (\phi/\{\phi + \theta(1-\phi)\})\Delta H$$

同様にして増加する預金は，

$$(1-\phi)\Delta H + (1-\phi)^2(1-\theta)\Delta H + \cdots = ((1-\phi)/\{\phi + \theta(1-\phi)\})\Delta H$$

となります．貨幣供給量は現金と預金の合計で定義されますので，結局 ΔH だけのハイパワード・マネーの増加は，

$$(1/\{\phi + \theta(1-\phi)\})\Delta H = \Delta \bar{M}$$

だけの貨幣供給増加をもたらします（以上のプロセスを**信用創造**という）．ϕ, θ の仮定から，ΔH の係数 $1/\{\phi + \theta(1-\phi)\}$ は1を超えます．これが信用乗数 μ です．

なお $\phi/(1-\phi) \equiv \eta$ を**現金・預金比率**とすると信用乗数は，

$$\mu = (1/(1-\phi))/(\eta + \theta) = (1+\eta)/(\eta + \theta)$$

と書き換えることができ，入門書で導出される信用乗数と同じになります．

均衡国民所得をさらに増大させることができます．つまり財政政策を中央銀行引受の公債発行を通じて行うと，行わない場合に比べて均衡国民所得へ与える効果は格段とよくなるという結論が得られます．

2．2．考察

　財政政策の金融市場への波及を考慮すると乗数効果が十分発揮されない，これがクラウディング・アウトですが，なぜ生じるのでしょうか？その答えの鍵は，財政政策による利子率の影響にあります．(6-21)式からこれは，

$$\Delta r = \frac{\alpha}{(1-c)\beta + b\alpha}\Delta G$$

と計算でき，財政政策によって利子率は必ず上昇します．これが投資需要を抑制してしまうため，乗数効果が減殺されてしまうのです．ではなぜ財政政策で利子率が上昇してしまうのでしょうか？その答えは，貨幣供給量が不変だからです．

　乗数効果とは消費需要の誘発を通じて達成されます．しかし(6-12)式より，需要の誘発は貨幣需要を確実に高めます．ところが貨幣供給自体は不変であるため，増えた貨幣需要は人々自身で何とかしなければなりません．そこで人々は保有する有価証券の一部を売却して現金を調達するはずです．これが利子率の上昇を引き起こす原因となります．ならば財政政策によるクラウディング・アウトを生じさせないようにするには，増える貨幣需要に応じて貨幣供給を増加させればいい．これが例題4の⑤の意味するところです[8]．

　そこで例題4の結果を図で確認しておきます．それが図6-1で示されています．この図において右下がりの直線がIS曲線の(6-18)式，右上がりの直線がLM曲線の(6-19)式をそれぞれ表しています．ここで②の答えを起点として E_0 とします．金融市場を考慮しなければ，財政政策の発動でIS曲線は右にシフトし，E_1 へ行くはずです．ところが金融市場の影響を考慮すると，財政政策はシフトしたIS曲線と不変のLM曲線の交点 E_2 へ行ってしまい，こ

8）　もちろんクラウディング・アウトを完全に消去するためには，少なくとも財政政策の前後で利子率が不変でなければなりません．このことは(6-21)式において $\Delta \bar{M} = \mu \Delta G$ を代入して，

$$\Delta r = [\{\alpha - (\mu(1-c)/P)\}/\{(1-c)\beta + b\alpha\}]\Delta \bar{M} \leq 0 \Leftrightarrow \mu \geq \alpha P/(1-c)$$

で示されます．

れでクラウディング・アウトが表現されます。そこで利子率が不変となるように政府が貨幣供給量を制御すると，IS曲線と同時にLM曲線が下にシフトし，経済はE_1へ到達できます。

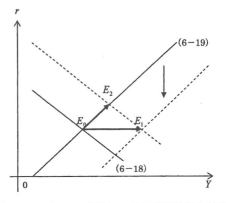

図6-1 IS-LM分析における財政政策の効果

最後に3点考察します。(6-17)式において$b=0$とすると，

$$\frac{\Delta Y}{\Delta G} = \frac{1}{1-c} > 1, \frac{\Delta Y}{\Delta \overline{M}} = 0$$

となり，財政政策によって乗数効果が十分発揮される（例題4の④より）反面，金融緩和政策ではGDPは変化しません。$b=0$は投資需要(6-11)式が利子率に依存しないことを表します。これを前提にすると，財政政策による利子率上昇は投資需要を抑制しませんからクラウディング・アウトは生じません。他方で金融緩和政策を通じて利子率を低下させても，それで投資需要を誘発しません。だからこのような結果になるのです。[9]

次に(6-17)式において$\beta \to \infty$とすると，(2-11)式を用いて，

$$\frac{\Delta Y}{\Delta G} = \frac{1}{1-c} > 1, \quad \frac{\Delta Y}{\Delta \overline{M}} = 0$$

となり，$b=0$のケースと同じ結果をもたらします。$\beta \to \infty$は貨幣需要関数(6-12)式においてわずかの利子率変化で貨幣需要がいくらでも変化することを表します。ケインズは不況が深刻になるほど$\beta \to \infty$となりやすく，**流動性のわな**が出現することを主張しました。このもとで金融緩和政策を行ったところで，増えた貨幣供給は旺盛な貨幣需要に吸収され，利子率は低下しません。ゆえに

---

9) ケインズ自身は投資需要が本質的に利子率に依存せず，生産者の将来に関する主観的予測である**アニマル・スピリット**で規定されることを主張しました。これと後述の流動性のわなの2つの理由から不況時の金融緩和政策の有効性を疑問視し，財政政策の有効性を強調したわけです。

投資需要を誘発することはありません．他方財政政策を行っても増えた貨幣需要は大量の貨幣保有で賄うことができるため，利子率が上昇することがありません．だから乗数効果が十分発揮されるのです．

他方 (6-17) 式で $\beta = 0$ とすると，

$$\frac{\Delta Y}{\Delta G} = 0, \quad \frac{\Delta Y}{\Delta \bar{M}} = \frac{1}{\alpha P} > 0$$

となり，これまでの結果と正反対になります．これは (6-12) 式が利子率に依存しない状況であり，ケインズ派を批判した学派の１つ**マネタリスト**の主張です．彼らの主張によれば，財政政策を通じて増えた貨幣需要はすべて有価証券の売却という形で対応するため，利子率がぐんぐん上昇します．そしてそれは財政政策による需要増加と一致するまで進んでしまうというものです．他方金融緩和政策は増えた貨幣供給のすべてが有価証券の購入にまわるため利子率が十分下がり，投資需要を大きく誘発できると主張します[10]．

練習問題

問題 1

次に示すのは，ある閉鎖経済におけるマクロ経済モデルである．

$$Y = C + I + G$$
$$C = A + c(Y - T)$$
$$T = tY$$

記号は以下の通りである．Y：国民所得，C：消費，I：民間投資，G：政府支出，A：基礎消費，c：限界消費性向，T：租税，t：税率．なお I, G, A, c, t は，このモデルにおいて外生変数である．また $0 < t < c < 1$ を仮定する．

① 均衡国民所得を求めよ．

② ある均衡状態から，他の条件を一定として政府支出を ΔG だけ増加させることを考える．財源は税収増と新規の公債発行 ΔB のみによるものとする．この場合，国民所得増 ΔY と新規公債による調達額 ΔB を求め

---

10) もちろんこの結論は物価水準が一定だからこそであって，これが経済状況に応じて自在に動くことを許せば，金融緩和政策でも GDP が増大することはありません．詳細は第 8 章で解説します．

なさい.

〔H18年度　福島大学〕

問題2

以下の IS-LM モデルに関する設問に答えよ.

IS 曲線

- 消費関数：$C = 100 + 0.8(Y - T)$
- 投資関数：$I = 60 - 5r$
- 政府支出：$G = 190$
- 財市場均衡条件式：$Y = C + I + G$

LM 曲線

- 貨幣需要関数：$\dfrac{M^D}{P} = 0.2Y - 2r$

- 実質貨幣供給：$\dfrac{\overline{M}}{P} = 100$

- 貨幣市場均衡式：$\overline{M} = M^D$

記号

Y：国民所得, C：消費支出, I：投資支出, r：利子率（％表示）, M^D：貨幣需要量　G：政府支出, $\overline{M}$：名目貨幣供給, P：物価水準

① 　IS 曲線および LM 曲線の方程式を求めよ.

② 　均衡所得および均衡利子率を求めよ.

③ 　財政支出を190より330に増加させたときの新たな均衡国民所得と均衡利子率を求めよ.

④ 　クラウディング・アウトによる国民所得の減少の大きさを求めよ.

⑤ 　③の政策変更により生じたクラウディング・アウトを相殺するためには, 実質貨幣供給をいくら増加させればよいか求めよ.

〔H20年度　広島大学（抜粋）〕

問題3

マクロ経済モデルを考える. 消費関数 C と投資関数 I は,

$$C = C[Y - T]$$

$$I = I[r]$$

で与えられるものとしよう．ここで Y, T, r はそれぞれ国民所得，税，実質利子率を表しており，消費関数と投資関数は $0 < dC/dY < 1, dI/dr < 0$ を満たしているものとする．実質貨幣需要関数 L は，名目利子率 i および消費の関数であり，

$$L = L[C, i]$$

で表される（所得の関数ではないことに注意せよ）．ここで $\partial L/\partial i < 0, \partial L/\partial C > 0$ である．また物価水準 P および貨幣供給量 M は一定であり，期待インフレ率 π^e はゼロであるものとする（したがって $i = r$ が成立する）．

このとき IS 曲線と LM 曲線は，

$$Y = C[Y - T] + I[r] + G$$

$$\frac{M}{P} = L[C, r]$$

で表される．ここで G は政府支出である．このモデルを用いて，以下の問に答えなさい．

① 貨幣供給量増加政策（$dM > 0$）の効果を分析しなさい．

② 減税政策（$dT < 0$）が国民所得に対してどのような効果を持つのかを分析しなさい．

③ 均衡予算（$G = T$）のもとで，政府支出の増大が国民所得に与える効果を導出しなさい．

〔H16年度　京都大学〕

第7章

連立方程式によるマクロ経済分析〔II〕
～開放経済への拡張～

本章では，前章で解説した2つのモデルに貿易や資本移動の可能性を考慮した**開放経済**に関する入試問題について解説していきます．ここは国際マクロ経済学の基礎となる重要な部分です．

1．乗数理論への適応

例題1

いま以下の財市場均衡モデル（45度線モデル）を考える．

$$Y = C + I + G + (EX - IM) \qquad (7\text{-}1)$$

$$C = A + c(Y - T)$$

$$EX - IM = g - mY \qquad (7\text{-}2)$$

C：消費　Y：所得　T：税収　I：投資　G：政府支出　EX：輸出

IM：輸入　m：限界輸入性向

ただし I, G, EX は一定，T は定額税とする．

①　均衡国民所得を計算しなさい．

②　純輸出（$EX - IM$）が外生的に Δg 単位増加したならば，均衡国民所得はどれくらい変化するか．

③　政府が均衡財政主義政策を行った場合，均衡国民所得はどれくらい変化するか．

〔H17年度　広島大学（改題）〕

財市場に影響を及ぼす対外取引要因は財の輸出入であり，(6-1)式に純輸出

（貿易収支ともいう）を挿入したものが(7-1)式に当たります．消費関数は(6-2)式がそのまま成立します．そして財の輸出入を純輸出として(7-2)式で定義しています[1]．よって問題は $Y, C, EX-IM$ を内生変数とする3元連立方程式になっています．

① 求めるのが Y だけなので前章の手法が使えます．(6-2)式および(7-2)式を(7-1)式に代入すれば，

$$Y = \frac{A+I+G+g-cT}{1-c+m} \tag{7-3}$$

と簡単に求めることができます[2]．

② 本章でも微分記号 d を Δ に置き換えて，(7-3)式を G, g, T で全微分します．

$$\Delta Y = \frac{1}{1-c+m}(\Delta G + \Delta g) - \frac{c}{1-c+m}\Delta T \tag{7-4}$$

ここで $\Delta G = \Delta T = 0$ とすると答えは，

$$\Delta Y = \frac{1}{1-c+m}\Delta g \tag{7-5}$$

となり，均衡国民所得は必ず上昇することが分かります．ここで $1/(1-c+m)$ のことを**貿易乗数**といい，$c>m$ である限り，これは1より大きくなります．ただしこれは閉鎖経済下での乗数 $1/(1-c)$ よりも必ず小さくなります．理由は簡単で，需要増加を通じて実現した所得増は(7-2)式より必ず純輸出の悪化（つまり輸入の増加）を招くからです．

③ 均衡財政主義政策は前章における $\Delta G = \Delta T$ のケースに該当します．よって(7-4)式において $\Delta g = 0$ とおくと，

$$\Delta Y = \frac{1-c}{1-c+m}\Delta G$$

---

1) 輸出入は**為替レート**の動向に左右されるのは言うまでもありませんが，当面この可能性を捨象します．他方輸入は当該国の経済状況に左右されますが，輸出は当該国ではなく輸出先の経済状況の影響を受けます．だから輸出 EX は一定と仮定されており，その意味において，ここでの g は輸出だと解釈して差し支えありません．

2) 残りの変数の答えの組合せは，

$$(C, EX-IM) = \left(\frac{(1+m)(A-cT)+c(I+G+g)}{1-c+m}, \frac{(1-c)g-m(A+I+G-cT)}{1-c+m} \right)$$

と計算できます．

であり，ここでの乗数 $\dfrac{1-c}{1-c+m}$ は 1 を下回ります．前章例題 1 の③より均衡財政主義政策で消費需要を誘発しませんが，このケースではそれに加えて増えた所得が純輸出減少を招きます[3]．そのため乗数が 1 を下回るのです．

例題 2

　2 国開放マクロ経済モデルにおける自国と外国の均衡国民所得決定の均衡式が，それぞれ，

$$Y = C + I + G + X - M$$
$$Y_f = C_f + I_f + G_f + X_f - M_f$$

で与えられるとき，以下の問に答えよ．ここで Y, C, I, G, X, M はそれぞれ国民所得，消費，投資，政府支出，輸出および輸入を表し，下つきの f を持つ記号は外国の変数を意味するものとせよ．ただし，簡単化のため自国と外国の消費と輸入はそれぞれ，$(C = A + cY)$，$(M = B + mY)$，$(C_f = A_f + c_f Y_f)$ および $(M_f = B_f + m_f Y_f)$ で与えられるが，投資と政府支出は所与とせよ．また A は基礎消費，c は限界消費性向，B は基礎輸入，m は限界輸入性向とせよ．

①　均衡において自国と外国の輸出と輸入は互いに等しくなることを考慮して，自国と外国の均衡国民所得を記号を使用して示せ．

②　①で求めた自国の均衡国民所得の式を利用して，自国の政府支出の限界的変化が自国の均衡国民所得に与える乗数を求めよ．

③　自国の投資と政府支出に加えて自国の輸出も所与であるケースにおける，自国の政府支出の限界的変化が自国の均衡国民所得に与える乗数を求めよ．

④　②および③で求めた 2 つの乗数の大小比較をせよ．

〔H20年度　早稲田大学（改題）〕

---

3)　実際，先の脚注で計算した均衡での純輸出を G, T で全微分して均衡財政主義政策（$\Delta G = \Delta T$）を当てはめると，

$$\Delta(EX - IM)/\Delta G = -m(1-c)/(1-c+m) < 0$$

となります．

ある国の財市場に，貿易相手国の財市場の構造が追加されています．

①　ここでは設定されている2国以外との貿易の可能性は考慮されていません．そのため自国の輸出は外国の輸入に，そして自国の輸入は外国の輸出にそれぞれ等しくなります（つまり $X = M_f$ および $X_f = M$）．これを前提に2国の消費関数および輸入関数を支出 GDP の式に代入すると，

$$(1-c+m)\,Y - m_f Y_f = A + I + G + B_f - B \tag{7-6a}$$

$$-mY + (1-c_f+m_f)\,Y_f = A_f + I_f + G_f + B - B_f \tag{7-6b}$$

と Y, Y_f に関する連立方程式になります．よって，

$$Y = \frac{(1-c_f+m_f)\,(A+I+G) + m_f(A_f+I_f+G_f) + (1-c_f)\,(B_f-B)}{(1-c+m)\,(1-c_f+m_f) - mm_f} \tag{7-7a}$$

$$Y_f = \frac{(1-c+m)\,(A_f+I_f+G_f) + m\,(A+I+G) + (1-c)\,(B-B_f)}{(1-c+m)\,(1-c_f+m_f) - mm_f} \tag{7-7b}$$

と計算できます[4]．貿易を通じた2国の相互依存関係が考えられていますから，(7-7)式に外国の諸変数が入っているのは（ある意味）当然の帰結でしょう．

②　(7-7a)式を G で偏微分して答を出します．

$$\frac{\partial Y}{\partial G} = \frac{1-c_f+m_f}{(1-c+m)\,(1-c_f+m_f) - mm_f} \tag{7-8}$$

ここでの貿易乗数(7-8)式は1より大きくなります[5]．

③　輸出も所与であるという前提で $X = g$ とすれば，話は例題1と全く同じになります．よってこのケースでの均衡国民所得は $Y = \dfrac{A+I+G+X-B}{1-c+m}$ で与えられ，これを G で偏微分すれば，求める答えは $\partial Y/\partial G = 1/(1-c+m)$ となります．

④　(7-8)式で与えられる貿易乗数と $1/(1-c+m)$ の差をとります．

4）　問題文で明示されていませんが，各国の限界消費性向および限界輸入性向が1未満の正定数であることから，

$$(1-c+m)\,(1-c_f+m_f) - mm_f = (1-c+m)\,(1-c_f) + m_f(1-c) > 0$$

であり，(7-7)式分母が正であることが分かります．

5）　例題1に即して $c>m,\ c_f>m_f$ として，(7-8)式右辺と1の大小比較をします．

$$\frac{1-c_f+m_f}{(1-c+m)\,(1-c_f+m_f) - mm_f} \gtreqless 1 \Leftrightarrow (c-m)\,(1-c_f+m_f) \gtreqless -mm_f \quad （複号同順）$$

先に前提したパラメータ条件より，右側条件式左辺はプラス，右辺はマイナスであり証明完了です．

$$\frac{1-c_f+m_f}{(1-c+m)(1-c_f+m_f)-mm_f}-\frac{1}{1-c+m}$$

$$=\frac{mm_f}{(1-c+m)\{(1-c+m)(1-c_f+m_f)-mm_f\}}>0$$

この結果は，貿易を通じた2国間の相互依存関係によって乗数効果が高まることを示しています．②の前提は，「乗数効果を通じた自国の輸入増＝貿易相手国の輸出増→貿易相手国の所得増→貿易相手国の輸入増＝自国の輸出増」という相互作用を念頭におきましたが，③では「貿易相手国の輸出増」以降のことを捨象しています．だからこうした違いがでてくるのです．[6] 一般に2国間の貿易を通じた相互依存関係を前提すると，自国の所得増を達成するための政策（ここでは財政政策）によって，自国ばかりではなく貿易相手国の所得も増加させることが可能になります．[7]

2．IS-LM 分析への適応　〜マンデル＝フレミング・モデル〜

例題3

開放経済体系が以下のモデルで示される．

$$I+Z=S \tag{7-9a}$$

$$I=I_0-10r$$

$$Z=Z_0-0.1Y+0.1e \tag{7-9b}$$

$$S=S_0+0.2Y \tag{7-9c}$$

6）　とはいっても，(7-8)式は閉鎖経済下での乗数 $1/(1-c)$ よりも小さくなります．実際これを計算すると，

$$\frac{1-c_f+m_f}{(1-c+m)(1-c_f+m_f)-mm_f}-\frac{1}{1-c}$$

$$=\frac{m(1-c_f)}{(1-c)\{(1-c+m)(1-c_f+m_f)-mm_f\}}<0$$

となります．自国における財政政策の実施で（自国の輸入増を通じて）貿易相手国の輸出増を誘発しますが，それを通じた自国の輸出増が輸入増を相殺するほどに大きくならないからです．

7）　こうしたことを念頭におけば，自国政府による輸出補助金や関税の引き上げなどによって貿易相手国の所得を低下させる（∵こうした政策は自国の輸出増・輸入減に寄与するが，貿易相手国にすれば輸出減・輸入増という結果をもたらす）ことも可能です．これを**近隣窮乏化政策**といいます．

$$L = M$$
$$L = 0.5Y - 50r$$
$$F + Z = 0 \tag{7-9d}$$
$$F = 10(r - \bar{r}) \tag{7-9e}$$

ただし I：投資，Z：純輸出，S：貯蓄，e：為替レート，Y：国民所得，r：自国利子率，L：貨幣需要，M：貨幣供給，F：純資本流入，$\bar{r}$：外国利子率（一定）である．なお I_0, Z_0, S_0 はそれぞれ一定とする．

① IS 曲線を求めなさい．

② LM 曲線を求めなさい．

③ 均衡国民所得と均衡利子率の値を求めなさい．

④ BP 曲線を求めなさい．

⑤ 為替レートが1単位上昇すると，均衡国民所得と均衡利子率はどう変化するか．

⑥ $\Delta Y / \Delta M$ の値を求めなさい．ただし e は不変とする．

〔H13年度　龍谷大学（改題）〕

解答に先立ち，諸式の成り立ちを簡単に押さえておきます．

問題文に政府支出や税金がありません．そこで(7-1)式から G を省き，例題1の $EX-IM$ を Z に置き換えると，$Y-C \equiv S = I + Z$ が得られます．ここで $Y-C$ が貯蓄 S の定義式，すなわち(7-9c)式です．そして(7-9a)式で財市場の均衡条件式を表します．

次に(7-9d)式は，純輸出（ここでは**経常収支と考える**）と純資本流入（**投資収支ともいう**）の合計で定義される**国際収支**がゼロであり，これが対外経済取引全体の均衡条件を表します．[8] (7-9b)式は国際収支の構成要因である純輸出関数を表しており，ここでは純輸出が為替レートの増加関数と仮定されています．[9]

8）　経常収支や投資収支といった対外経済取引に関するデータの基礎である貿易統計は，複式簿記の原理によって記録されています．この特徴は，たとえば自国から外国への輸出額と外国から自国への輸出代金の送金を同時に記録することにあります．そのため，国際収支は原理的にゼロにならなければなりません．

9）　直感的には自然な仮定のように思われますが，話はそう単純ではありません．話を分かりやすくするために，輸出および輸入が e のみの関数として $EX = x[e]$ お

最後に(7-9e)式は純資本流入関数を表しており，内外金利差 $r-\bar{r}$ で決定されると仮定されています．こうして IS-LM 分析を構成する諸式に国際収支に関する諸式を加えたモデルを，**マンデル＝フレミング・モデル**といいます．

①②④　まず IS 曲線は投資関数と(7-9)の b, c 式を(7-9a)式に代入して，

$$0.3Y+10r=0.1e+I_0+Z_0-S_0 \tag{7-10a}$$

となり，財市場の均衡は Y, r に加えて e にも依存して決まります．そして LM 曲線は，

$$0.5Y-50r=M \tag{7-10b}$$

と簡単に導出できます（①および②の答）．これは(6-19)式と同じ構造を持ち，e には依存せず金融市場の均衡が決定されます．最後に **BP曲線**は国際収支の均衡，すなわち(7-9d)式を満足する (Y, r) の組合せを示す曲線をいい，(7-9)の b, e 式を(7-9d)式に代入して，

$$0.1Y-10r=0.1e+Z_0-10\bar{r} \tag{7-10c}$$

よび $IM=m[e]$ と書けるとします．例題2に即して下添え字 f で外国の変数であるとすると，自国の輸入は外国の（外国通貨建ての）輸出に等しく $m[e]=e\cdot x_f[e]$ が成立します．これを念頭において純輸出を e で微分します．

$$dZ/de=x'[e]-e\cdot x_f'[e]-x_f[e]$$

ここで当初純輸出がゼロ（すなわち $x[e]=e\cdot x_f[e]$）だとして上式を $x_f[e]$ でくくりだすと，

$$dZ/de=x_f[e]\{e\cdot x'[e]/x[e]-e\cdot x_f'[e]/x_f[e]-1\}\equiv x_f[e](\eta_{EX}+\eta_{IM}-1)$$

と整理できます．ここで $\eta_{EX}\equiv e\cdot x'[e]/x[e]$ は**輸出の価格弾力性**，$\eta_{IM}\equiv -e\cdot x_f'[e]/x_f[e]$ は**輸入の価格弾力性**を表しています．一般に弾力性とは，変数 x が1％変化したときに変数 y が何％変化するかを表す指標で，

$$|(dy/y)/(dx/x)|=|(dy/dx)/(y/x)|$$

で定義されます（絶対値記号があるのは，弾力性を非負の値で定義するため）．よって e の上昇（すなわち為替レートの切り下げ）で純輸出が増大するためには $\eta_{EX}+\eta_{IM}-1>0$，すなわち輸出の価格弾力性と輸入の価格弾力性の和が1より大きくなければなりません．これを**マーシャル・ラーナーの条件**といいます．つまり(7-9b)式は，この条件が成立することを前提にした定式化になっています．

ところが実際には，為替レートの変化に対して純輸出がマーシャル・ラーナーの条件を満たすように動くには時間を要し，短期では逆向きに，たとえば為替レートの切り下げで純輸出が減少する事象が観察されます．これを（図にしたときの形状から）**J カーブ効果**といいます．

10)　ただしここでは一貫して，自国の政策変更等で外国利子率が影響を受けない状況を前提します．これを**小国の仮定**といいます．

と導出できます（④の答）．

③　答えを求める前に，もう一度考察します．

マンデル＝フレミング・モデルは(7-10)式の 3 元連立方程式で記述されます．ということは求めるべき内生変数は 3 個あるはずです．Y, r は確実だとして，残り 1 つはどれでしょう？答えは為替制度の考え方を通じて確定されます．まず考えられる為替制度は**変動相場制**で，文字通り為替レートが為替市場を通じて決定されると考えるもので，これを通じて残りの内生変数が e だということが容易に分かります．

もう 1 つの為替制度が**固定相場制**で，これは政府（＝中央銀行）によって為替レートが一定値に制御される制度です．たとえば国内において為替レートの上昇（切り下げ）圧力がかかった場合，政府はどのように対応するのでしょうか．為替レートの上昇圧力は外国通貨に対する需要が高まることを意味しますから，為替レートを一定に維持するためには中央銀行がこの要求に応えて自国通貨と外国通貨を交換します．これで貨幣供給が中央銀行に吸収されますから，固定相場制のもとでは M が内生変数になります．⑤および⑥の問題を考慮すると，ここで考えている為替制度は固定相場制，すなわち(7-10)式は Y, r，M を内生変数とする連立方程式だと考えねばなりません．

よって 3 元 1 次連立方程式の解の公式(1-6)式から，均衡国民所得と均衡利子率の組合せは次式で与えられます[11]．

$$(Y, r) = \left(\frac{e + 5(I_0 + 2Z_0 - S_0 - 10\bar{r})}{2}, \ \frac{-0.2e + I_0 - 2Z_0 - S_0 + 30\bar{r}}{40} \right) \quad (7\text{-}11)$$

⑤　e が 1 単位上昇すると，(7-11)式より均衡国民所得は 1/2 単位上昇し，均衡利子率は 1/200 単位低下します．

⑥　問題の意図自体は貨幣供給の限界的変化に対する均衡国民所得の変化を計算するものです．ここでは固定相場制のもとでの金融政策の効果をみるわけですが，M そのものは内生変数ですから，厳密に言えば論理上おかしい問題設定になります．しかし M が内生変数であるとは言え，それ自体は中央銀行の制御変数です．そこで問題の意図に即して，中央銀行が $\Delta M'$ の貨幣供給を為替レートの維持とは無関係に増加させたとします．すると内生変数の変化は行列を使って，

---

11)　ちなみに貨幣供給は，$M = 5(0.1e + Z_0 - 10\bar{r})$ となります．

$$\begin{pmatrix} 0.3 & 0 & 10 \\ 0.5 & -1 & -50 \\ 0.1 & 0 & -10 \end{pmatrix} \begin{pmatrix} \Delta Y \\ \Delta M \\ \Delta r \end{pmatrix} = \begin{pmatrix} 0 \\ \Delta M' \\ 0 \end{pmatrix}$$

と表現でき，これを解いて $\Delta Y = 0$，すなわち金融緩和政策を行っても均衡国民所得は不変であることが分かります．その理由については次節で解説します．

例題4

変動為替相場制下の経済において財市場は，

$$S = I + G + NX[Y, e]$$
$$I = I_0 - ar$$
$$NX[Y, e] = d - fY + he$$
$$S = S_0 + sY$$

貨幣市場では，

$$M = L[Y, r]$$
$$L[Y, r] = \alpha Y - \beta r$$

という関係が成立しているとしよう．ただし Y：国民所得，I：投資，G：政府支出，NX：純輸出，S：貯蓄，r：利子率，e：為替レート（円表示での外国通貨ドルと円の交換比率を1ドル e 円とする），M：貨幣供給量，$L[Y, r]$：貨幣需要関数である．また $I_0, a, d, f, h, S_0, s, \alpha, \beta$ はゼロより大きい数である．さらに国際収支の均衡が，

$$NFI[r] = NX[Y, e]$$
$$NFI[r] = \lambda(\bar{r} - r)$$

で示されるとしよう．ただし NFI：対外純投資，$\bar{r}$：外国の利子率（一定）である．国内および外国の物価水準は一定である．λ はゼロより大きい正の定数である．以下の問に答えなさい．

① IS曲線の方程式を求めなさい．さらに，国際収支を均衡させる (Y, r) の組合せは国際収支均衡曲線（BP）とよばれる．この曲線の方程式を求めなさい．

② 政府支出 G が増加したとしよう．この増加が国民所得 Y に与える効果 $\Delta Y / \Delta G$ を表す式を記述しなさい．さらに財政拡張が為替レー

トおよび純輸出に与える効果を述べなさい．

③　貨幣供給量が増加したとしよう．この増加が国民所得に与える効果を表す式を記述しなさい．さらに金融拡張が為替レートおよび純輸出に与える効果を述べなさい．

〔H15年度　大阪市立大学〕

①　例題 3 と同じ手続を踏みます．IS 曲線は，

$$(s+f)Y + ar - he = I_0 + G + d - S_0 \tag{7-12a}$$

そして BP 曲線は，

$$fY - \lambda r - he = d - \lambda \bar{r} \tag{7-12b}$$

となります．

②③　この問題を解くに当たって，LM 曲線も明示しておきましょう．

$$\alpha Y - \beta r = M$$

問題文冒頭にあるようにこの問題は変動相場制が前提となっています．つまり例題 3 と異なり e が内生変数の 1 つとなって，(7-12)式と LM 曲線で Y, r, e を決定します．そこで 3 本の方程式を 3 つの内生変数と G, M で全微分します．これを行列の形で表現すると，

$$\begin{pmatrix} s+f & a & -h \\ \alpha & -\beta & 0 \\ f & -\lambda & -h \end{pmatrix} \begin{pmatrix} \Delta Y \\ \Delta r \\ \Delta e \end{pmatrix} = \begin{pmatrix} \Delta G \\ \Delta M \\ 0 \end{pmatrix}$$

となり，これを $\Delta Y, \Delta e$ について解きます．

$(\Delta Y, \Delta e)$
$$= \left(\frac{\beta \cdot \Delta G + (a+\lambda)\Delta M}{s\beta + \alpha(a+\lambda)}, \frac{(-\alpha\lambda + f\beta)\Delta G + \{af + \lambda(s+f)\}\Delta M}{h\{s\beta + \alpha(a+\lambda)\}} \right) \tag{7-13}$$

ここから $\Delta M = 0$ とすれば，

$$\left(\frac{\Delta Y}{\Delta G}, \frac{\Delta e}{\Delta G} \right) = \left(\frac{\beta}{s\beta + \alpha(a+\lambda)}, \frac{-\alpha\lambda + f\beta}{h\{s\beta + \alpha(a+\lambda)\}} \right) \tag{7-14}$$

であり，これを純輸出関数を全微分した式に代入すれば，

$$\frac{\Delta NX}{\Delta G} = -\frac{\alpha\lambda}{s\beta + \alpha(a+\lambda)} < 0$$

となります（②の答）[12]．財政政策によって均衡国民所得は確実に上昇する反面，

---

12)　ちなみに均衡利子率の変化は，

純輸出は確実に減少します．他方 λ が $f\beta/\alpha$ より小さい（大きい）ならば，財政政策によって為替レートは上昇（低下）することが分かります．

他方(7-13)式において $\Delta G=0$ とすれば，

$$\left(\frac{\Delta Y}{\Delta M},\frac{\Delta e}{\Delta M}\right)=\left(\frac{a+\lambda}{s\beta+\alpha(a+\lambda)},\frac{\lambda(s+f)+af}{h\{s\beta+\alpha(a+\lambda)\}}\right) \tag{7-15}$$

であり，ここから先の手法にしたがえば，

$$\frac{\Delta NX}{\Delta M}=\frac{s\lambda}{s\beta+\alpha(a+\lambda)}>0$$

と求められます（③の答）[13]．金融緩和政策によって均衡国民所得，為替レートおよび純輸出がともに増加することが分かります．

3．考察

国際マクロ経済学に関する入門書において，マンデル＝フレミング・モデルの解説は単純化のため，「資本移動なし」（$\lambda=0$）か「資本移動完全」（$\lambda\to\infty$）のケースを中心に扱われています．ここでは例題4に即して資本移動が不完全な（λ が有限値）ケースで，為替レートに関する前提の違いで政策の効果がどのような差異をもたらすのかについてみていくことにします．

3．1．固定相場制のケース

まず例題4の連立方程式で固定相場制を前提にすると，答えがどう変わるのかについて確認しておきましょう．

例題3に即して，政府が外生的に制御する貨幣供給量を M' とします．このとき(7-12)式と LM 曲線を内生変数と G, M' で全微分します．

$$\begin{pmatrix} s+f & 0 & a \\ \alpha & -1 & -\beta \\ f & 0 & -\lambda \end{pmatrix}\begin{pmatrix} \Delta Y \\ \Delta M \\ \Delta r \end{pmatrix}=\begin{pmatrix} \Delta G \\ \Delta M' \\ 0 \end{pmatrix} \tag{7-16}$$

$$\Delta r/\Delta G=\alpha/\{s\beta+\alpha(a+\lambda)\}>0$$

より，財政政策を通じてこれが確実に上昇します．

13)　ちなみに均衡利子率の変化は，

$$\Delta r/\Delta M=-s/\{s\beta+\alpha(a+\lambda)\}<0$$

より，金融緩和政策を通じてこれが確実に低下します．

ここから財政政策を行ったときの各内生変数の変化は，

$$\left(\frac{\Delta Y}{\Delta G},\frac{\Delta M}{\Delta G},\frac{\Delta r}{\Delta G}\right)$$

$$=\left(\frac{\lambda}{s\lambda+f(a+\lambda)},\frac{\alpha\lambda-f\beta}{s\lambda+f(a+\lambda)},\frac{f}{s\lambda+f(a+\lambda)}\right)$$

つまり財政政策の実施によって均衡国民所得と均衡利子率はともに上昇し（すなわちクラウディング・アウトが生じる），そして λ が $f\beta/\alpha$ より大きい（小さい）ならば，財政政策によって貨幣供給量は増大（減少）することが分かります．

この結果は図7-1に示してあります．ここには2つのケースを描いていますが，いずれのケースも当初 IS_1，LM_1 および BP の交点で経済が均衡していたとします．一般にマンデル＝フレミング・モデルのもとで財政政策を行う場合，以下の3つの波及経路が考えられます．

(1) 自国の貨幣需要増大．

(2) 利子率上昇がもたらす純資本流入の変化を通じた為替レート低下．

(3) 輸入増を通じた為替レート上昇．

財政政策を通じた需要増大が(1)と(3)を同時に引き起こします．そして(1)が生じると自国利子率が上昇し，それが外国利子率との差（内外金利差）を拡大させます．これで(2)を誘発します．

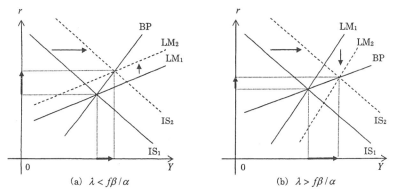

(a) $\lambda<f\beta/\alpha$ (b) $\lambda>f\beta/\alpha$

図7-1　固定相場制下での財政政策の効果

　図の (a) では $\lambda < f\beta/\alpha$ のケースを描いています．これは (2) の圧力が小さい
ケースに該当します．すると（相対的に）(3) の圧力が強くなり，中央銀行は
この圧力に応じて市中に流通している自国通貨と中央銀行が保有している外国
通貨と交換せざるを得ません．これは結果的に貨幣供給量を減少させる方向に
作用します．ゆえに財政政策実施後の均衡は IS_2，LM_2 および BP の交点に移
動し，閉鎖経済の場合（前章）に比べてクラウディング・アウトがより強く生
じることが分かります．

　これに対して図の (b) では $\lambda > f\beta/\alpha$ のケースを描いています．これは (2) の
圧力が大きいケースに該当し，話は (a) のケースと正反対になります．すなわ
ちこの場合，中央銀行は外国から流入する外国通貨と中央銀行が保有する自国
通貨を交換せざるを得ません．これは貨幣供給量を増大させるのと同値です．
ゆえにこのケースでの財政政策による均衡は IS_2，LM_2 および BP の交点に移
動し，閉鎖経済の場合に比べてクラウディング・アウトが強く生じないことが
分かります．つまり財政政策の実施は自国利子率に影響を及ぼしますが，それ
が対外純投資に与える影響力の大きさ如何でクラウディング・アウトの出方が違
ってくるということです．その根源にあるのは，まさに為替レートを一定に維持
するべく中央銀行が貨幣供給量を内生的に制御せざるを得ない点に求められます．

　次に (7-16) 式から金融緩和政策の効果を計算してみましょう．これは容易に，

$$\left(\frac{\Delta Y}{\Delta M'}, \frac{\Delta M}{\Delta M'}, \frac{\Delta r}{\Delta M'} \right) = (0, -1, 0)$$

と導出でき，ここから均衡国民所得は変化せず，例題 3 の③の結果と一致しま
す．一般にマンデル＝フレミング・モデルのもとで金融緩和政策を行う場合，
以下の 3 つの波及経路が考えられます．

　(i)　自国の資産需要増大．

　(ii)　利子率低下がもたらす純資本流入の変化を通じた為替レート上昇．

　(iii)　輸入増を通じた為替レート上昇．

金融緩和政策によって (i) を引き起こし，投資需要の誘発を通じた所得増が (iii)
をもたらします．また (i) は利子率の低下をもたらしますから (ii) も同時に誘発
します．つまり，固定相場制のもとで金融緩和政策を行うと為替レート切り下
げの圧力を必ず誘発し，中央銀行はこれに対応して自国通貨を吸収しつつ外国

通貨を放出せざるを得ません．これは $\Delta M/\Delta M'=-1$ であることから理解できるように，外生的に投入した貨幣供給のすべてを中央銀行に還流させるまで進んでしまうのです．しかもこれは λ の値と無関係に生じることに注意が必要です．

3．2．変動相場制のケース

例題4の計算結果を図にしたものが図7-2です．この場合でも λ の大きさによって2つのケースがあり，ここでも当初 IS_1，LM および BP_1 の交点で経済が成立していたとします．

ケース(a)は λ の値が小さいケースが描かれています．このもとで財政政策を行うと為替レートは上昇します．これは前項(3)の効果が強く輸出が刺激されることを意味し，IS 曲線が財政政策によって動いた IS_2 からさらに右の IS_3 へ，BP 曲線が BP_1 から下の BP_2 へそれぞれシフトし，結果的に均衡国民所得は大きく増加します．他方ケース(b)の λ が大きい場合ですが，前項(2)の効果が大きく，為替レートは低下します．これは輸出の低下を招くため，IS 曲線は IS_2 から左の IS_3 へ，BP 曲線が BP_1 から上の BP_2 へそれぞれシフトし，均衡国民所得はケース(a)と比べて増加しないことが分かります．

他方金融緩和政策の効果は図7-3に示されています．[14] ここでも当初 IS_1，

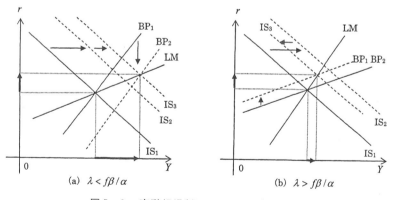

(a) $\lambda < f\beta/\alpha$　　　(b) $\lambda > f\beta/\alpha$

図7-2　変動相場制下での財政政策の効果

14)　この図では $\lambda < f\beta/\alpha$ のケースを描いていますが，$\lambda > f\beta/\alpha$ のケースでも同様の図を描くことができます．

LM₁ および BP₁ の交点で経
済が成立していたとします.

　金融緩和政策の実施により
自国利子率が低下するので,
(ii) および (iii) より為替レート
が上昇します. ところがこれ
が純輸出の増加をもたらしま
す. その結果, LM 曲線が
LM₂ にシフトしたのに合わ
せて IS 曲線が IS₂ に, BP

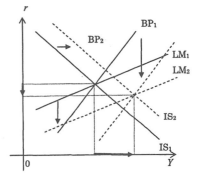

図 7 - 3　変動相場制下での金融緩和政策の効果

曲線が BP₂ へそれぞれシフトし, 均衡国民所得は確実に増大することが分か
ります.

練習問題

問題 1

　マクロ経済モデルが,

$$Y = C + I + G + B$$
$$C = A + 0.9(Y - T)$$
$$B = B_0 - 0.1Y$$

　(Y:国民所得　C:消費　I:投資　G:政府支出　B:純輸出　T:税収
A, B_0:定数) で示されているとする. 政府購入 G と税収 T を同時に同額増
加させたときの均衡予算乗数の値はいくらか.

　① 0.1 ② 0.2 ③ 0.5 ④ 1.0

〔H14年度　一橋大学〕

問題 2

　財市場のみを考慮した次のマクロ経済モデルに関する下記の設問に答えなさ
い.

　財市場の均衡条件 : $Y = C + I_0 + G_0 + X_0 - Z$

　消費関数 : $C = A + cY_d$

租税関数：$T = T_0 + tY$

輸入関数：$Z = Z_0 + mY_d$

ただし可処分所得 Y_d は $Y_d = Y - T$ と定義する．

① この経済の均衡国民所得を求めなさい．

② 政府支出増が実施されたとする．このとき政府の財政収支に与える影響はどれくらいか．

③ T_0 を減少させるという意味での減税政策が実施されたとする．このとき政府の財政収支に与える影響はどれくらいか．

④ ②の政策のとき，貿易収支（$X - Z$）に与える影響はどれくらいか．

⑤ ③の政策のとき，貿易収支に与える影響はどれくらいか．

〔H20年度　早稲田大学（改題）〕

問題3

次のような変動相場制下の小国開放経済モデルを考える．

$$Y = C[Y] + I[r] + G + NX\left[\frac{ep^*}{p}, Y, Y^*\right] \tag{1}$$

$$\frac{M}{p} = L[Y, r] \tag{2}$$

$$r = r^* + \frac{\Delta e}{e} \tag{3}$$

Y：自国国民所得　C：消費　I：投資　G：政府支出　NX：純輸出（＝輸出−輸入）　M：名目マネーサプライ　p：自国の物価水準　L：貨幣需要　r：自国利子率　e：名目為替レート（自国通貨建て）　$\Delta e/e$：名目為替レートの予想変化率　p^*：外国の物価水準　Y^*：外国の所得　r^*：外国利子率

このモデルにおいて，消費は国民所得の増加関数，投資は自国利子率の減少関数，純輸出は実質為替レート（ep^*/p）の増加関数，自国国民所得の減少関数，貨幣需要は自国利子率の減少関数，自国国民所得の増加関数である．自国の物価水準は一定と仮定する．小国の仮定より，この経済にとって p^*，Y^*，r^* は所与（外生）である．為替レートが自国通貨建て（日本の場合でいうと，1ドル＝e円という形式で表されている）であることに注意されたい．

このモデルをもとに，以下の問に答えなさい．

① (3)式は国際間の資本移動が完全であるという仮定のもとでの金利裁定式
である．いま，

$$\frac{1+r}{1+r^*} = 1+r-r^*$$

が近似的に成り立つことを利用して，(3)式が成り立つことを証明しなさ
い．

② いま，名目為替レートについて静学的な期待（$\Delta e/e = 0$）が成立してい
ると仮定する．この場合(3)式は，

$$r = r^*$$

と簡単化することができる．いま名目マネーサプライを一定に保ったまま
財政支出を増加させたとき，この政策変更は国民所得と名目為替レートに
どのような影響を与えるか．ただし，この政策変更によって自国の物価水
準は変化しないものとする．

③ いま，名目為替レートについて②と同じ状況を仮定する．いま，財政支
出を一定に保ったまま名目マネーサプライを増加させたとき，この政策変
更は国民所得と名目為替レートにどのような影響を与えるか．ただし限界
消費性向は1より小さいプラスの値とし，この政策変更によって自国の物
価水準は変化しないものとする．

〔H14年度　上智大学〕

(Hint)「静学的な期待」とは，現時点の変数の値（ここでは名目為替レー
ト）が将来も持続すると考える予想の立て方を表しています．

第 **8** 章

連立方程式によるマクロ経済分析〔Ⅲ〕
～AD-AS 分析～

　第 6 章ではマクロ経済学の基本である乗数理論と IS-LM 分析，そして第 7 章ではこれらを対外経済取引のある状況に拡張した入試問題について解説してきました．

　しかしこれらの分析には，少なくとも 2 点の不備があります．第 1 に物価水準が一定と仮定されていた点．財政政策・減税政策や金融緩和政策（以下一括して**マクロ経済政策**とよぶ）などの実施は，当初水準から確実に需要を誘発しますから財市場において超過需要が発生し，物価水準は上昇するはずです．それを考慮するとマクロ経済政策の効果はこれまでみたものと異なる可能性があり，再検討する必要があるはずです．第 2 に生産要素の 1 つである労働市場が捨象されていた点．仮にマクロ経済政策の実施によって物価水準を変えることなく GDP が増大できたとして，それが労働市場にどんな効果を持つのかを全く見れないというのは，（マクロ経済政策が失業の低下という意図を持っている点を考えると）やはり片手落ちでしょう．

　そこで本章では，これら 2 点を IS-LM 分析に挿入した **AD-AS 分析**に関する入試問題をみていくことにします．こうしてマクロ経済学における分析が**一般均衡分析**として扱うことが可能になります[1)]．

1．基本的解法

例題1

　ある国のマクロ経済が以下のように記述されているとする．

---

1)　他方一国経済のある市場のみを取り上げた分析のことを**部分均衡分析**といいます．

消費関数　$C = \dfrac{1}{2}Y + 5$

投資関数　$I = 10 - 3r$

政府支出　$G = 5$

実質貨幣需要関数　$L = 10Y - 40r$

実質貨幣供給量　$M = \dfrac{100}{P}$

ただし Y は国民所得，r は利子率，$P\,(>0)$ は物価水準を表す．このとき以下の設問に答えよ．

① IS-LM モデル，すなわち財市場の均衡式（＝IS 式）と貨幣市場の均衡式（＝LM 式）を求めよ．

② ①で求めた IS-LM モデルの均衡国民所得と均衡利子率を求めよ．

③ 総需要曲線を求めよ．

④ いま供給曲線が

$$Y = 2P + 20$$

で与えられているとする．このとき，AD-AS モデルにおける均衡国民所得と均衡物価水準を求めよ．

⑤ いま政府が支出を減らす政策を行った．そのとき，この経済において所得や物価にどのような影響があると考えられるか．

〔H19年度　岡山大学（抜粋）〕

①② 第 6 章と同じ手順です．IS 曲線は消費関数，投資関数および政府支出を(6-1)式に代入して，

$$\frac{1}{2}Y + 3r = 20 \tag{8-1a}$$

そして LM 曲線は $L = M$ もとで，

$$10Y - 40r = \frac{100}{P} \tag{8-1b}$$

となります（①の答）．これらを連立させて (Y, r) の組合せは，

$$(Y, r) = \left(16 + \frac{6}{P},\ 4 - \frac{1}{P}\right) \tag{8-2}$$

となります（②の答）．(8-2)式から分かる通り，IS-LM 分析において一定と仮

定されていた P が上昇（低下）すると Y は減少（増加）し，r は上昇（低下[2]）します．

③　総需要曲線（**AD 曲線**）とは，IS-LM 分析で一定と仮定されていた P を任意の値に動かしたときに得られる Y との関係を示したもので，実は(8-2)式の Y で与えられます．

以下のために1点補足しておきます．たとえば第6章で見た財政（および減税）政策や金融緩和政策は IS 曲線や LM 曲線を動かしました．ところが IS 曲線と LM 曲線から AD 曲線を導出したということは，（別の状況設定を考えない限り）これまでみたマクロ経済政策の効果が AD-AS 分析では AD 曲線のみを動かすと考えることができます．

④　問題にある（総）供給曲線（これが **AS 曲線**）と(8-2)式から Y を消去すると，

$$P^2+2P-3=(P-1)(P+3)=0$$

と P に関する2次方程式が得られ，非負の物価水準を前提にすると $P=1$ が得られます．これを(8-2)式に代入すれば，$Y=22$ と簡単に計算することができます．

⑤　図8-1を通じて解説します．この図の上部分は IS 曲線および LM 曲線を，下部分に AD 曲線および AS 曲線をそれぞれ描いています．④を通じて (Y, P) の組合せ（A点）が決まると LM 曲線の位置が確定し，(8-2)式の組合せ（a点）のところに IS 曲線が通っています．この状態を初期状

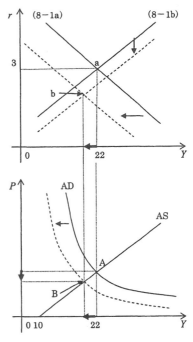

図 8-1　政府支出削減の効果

2)　理由は簡単です．たとえば物価水準が上昇（低下）すると取引動機にもとづく貨幣需要が増大（減少）し，それが債券売却（購入）を通じて利子率が上昇（低下）します．このことが投資需要を抑制（拡大）させるからです．

態とします.

　問題に即して政府支出が削減されたとします. これは IS 曲線を左にシフト
させ, これまでの例題と逆向きの作用が働きます. つまり均衡国民所得は初期
状態から下落しはじめます. IS-LM 分析を前提とする限りこれは物価水準一
定のもとで生じますが, これを AD-AS 分析に当てはめると AD 曲線が左に
シフトし, 物価水準も初期状態から下落し始めます(∵ 政府支出の削減によっ
て消費需要が大きく縮小する). この事態は LM 曲線の位置を下にシフトさせ
るので, 結局新たな均衡は AD-AS 分析では B 点, IS-LM 分析では b 点でそ
れぞれ与えられることになります[3].

例題 2

　次のような閉鎖経済のマクロモデルを考える.

$$C = 0.8(Y - T) + 50$$
$$I = 230 - 10r$$
$$T = 100$$
$$G = \bar{G}$$
$$M = 1000$$
$$L = 0.8Y - 10r + 25$$
$$Y = 4\sqrt{N}$$
$$W = 4$$
$$N^s = 10000$$

C：消費, Y：実質 GDP, T：税収, I：投資, r：利子率, G：政府支
出, M：名目貨幣供給, L：実質貨幣需要, N：雇用量, W：貨幣賃金
率, N^s：労働供給, P：物価水準

　失業が生じている状況では, 総供給曲線は古典派の第 1 公準に基づいて

---

3) またこの図から均衡利子率も低下することが分かります. なぜなら政府支出の削減
　　は消費需要の縮小を誘発し, 貨幣需要を縮小させます. そこに物価水準の低下が加わ
　　るため, 貨幣と代替的に保有される債券需要が大きく拡大し, そのことを通じて利子
　　率が低下します. これが投資需要の拡大を誘発します. もちろんですが, 投資需要の
　　拡大が均衡国民所得を引き上げるまでに至らないのは, 政府支出の削減を通じた消費
　　需要の縮小が投資需要の拡大によって相殺されることがないからです.

導かれると仮定する。また $G>T$ のときには、税収の不足分 $(G-T)$ は公債の市中消化で賄われると仮定する。

① 総需要曲線を求めなさい。

② 総供給曲線を求めなさい。

③ 完全雇用を達成する最小の $\bar{G}$ を求めなさい。

〔H15年度　大阪市立大学〕

① 例題1と同じ手法です。問題文にある消費関数、投資関数、税収、政府支出を(6-1)式に代入してIS曲線を、貨幣需要関数と貨幣供給からLM曲線をそれぞれ導出します。

$$0.2Y+10r=200+\bar{G}$$

$$0.8Y-10r=\frac{1000}{P}-25$$

この連立方程式を解いてAD曲線を導出します。

$$Y=175+\bar{G}+\frac{1000}{P} \tag{8-3}$$

② 例題1ではAS曲線は問題文に与えられていましたが、ここではこれを導出しなければなりません。

そのためには生産者の利潤最大化行動を解く必要があります。ここで考える生産者とは、唯一の生産要素である労働力の価格（＝貨幣賃金率）はおろか生産物価格も所与と見なして利潤 v の最大化を目指す主体だとします。こうした主体にとって価格が所与であるような市場構造のことを**完全競争市場**といいます。一方利潤は、財を生産・販売することによって実現する売上 PY から労働力を雇用することで発生する費用 WN を控除して定義されます。ここでは問題文の生産関数を用いて、

$$Maximize \quad v=P(4\sqrt{N})-WN$$

と示すことができます。ここから利潤最大化の一階の条件は、

$$\frac{2}{\sqrt{N}}=\frac{W}{P} \tag{8-4}$$

で与えられます。(8-4)式左辺は生産関数を N で微分したもので**労働の限界生産力**といい、右辺は貨幣賃金率を物価水準で割った**実質賃金率**をそれぞれ表し

ます．この条件式は，生産者の利潤が最大になっているもとで労働の限界生産力と実質賃金率が等しくなることを示しています．

いま $W=4$ なので労働需要関数は $N=\dfrac{1}{4}P^2$ であり，これを問題文の生産関数に代入することで AS 曲線が，

$$Y=2P \tag{8-5}$$

と導出できます．

③　答えに到達する前に，この例題における均衡国民所得を求めます．(8-3)式および(8-5)式から P を消去すれば，$Y^2-(175+\overline{G})Y-2000=0$ と Y に関する2次方程式が得られます．ここから，

$$Y=\frac{175+\overline{G}+\sqrt{(175+\overline{G})^2+8000}}{2} \tag{8-6}$$

と求めることができます．

ところで問題文にある**完全雇用**ですが，所与の W/P のもとで労働需要と労働供給が等しい（すなわち労働市場が均衡する）状態を指します．この例題では労働供給は W/P に関係なく10000ですから，完全雇用に対応する雇用量は10000であり，これを生産関数に代入すると $Y=400$ となります．この水準を**完全雇用国民所得**といいます．そしてこれを(8-6)式に代入すれば，求める答えは $\overline{G}=220$ となります．

2．ケインズ派と新古典派の違いがどこから来るのか？

マクロ経済分析には数多くの関数や方程式が与えられます．乗数理論で財市場の構造を定式化し，それに金融市場の動きを挿入することで (Y,r) を決める IS-LM 分析になり，さらに労働市場の動き（および生産技術）を挿入することで (Y,P) を決める AD-AS 分析に拡張されていきます．

ところで入門書では，IS-LM 分析の段階から**ケインズ派**と**新古典派**のマクロ経済政策の効果の違いが列挙されています．そこでも両者の前提の違いが指摘されていますが，AD-AS 分析ではその違いがより鮮明になります．それを確認するために，次の例題を見て行きましょう．

例題3

新古典派モデルとケインズモデルを比較する．

(1)　$Y = F[N]$　$(F' > 0, F'' < 0)$

(2)　$I = b - ai$　$(a, b > 0)$

(3)　$w = \overline{w}$　（$\overline{w}$ 一定）

(4)　$C = c(Y - T)$　$(0 < c < 1,\ T$ 一定$)$

(5)　$Y = C + I + G$　（G 一定）

(6)　$\dfrac{M}{p} = kY - hi$　$(k, h > 0,\ M$ 一定$)$

(7)　$F'[N] = \dfrac{w}{p}$

(8)　$N = L$　（L 一定）

「記号」 Y：GDP, N：雇用量, I：投資量, i：利子率, w：貨幣賃金率, C：消費量, p：価格, T：租税, G：政府支出, M：貨幣, L：労働人口

①　総需要曲線（AD曲線）を導出するのに必要な方程式を式番号で答えなさい．

②　ケインズモデルで総供給曲線（AS曲線）を導出するのに必要な方程式を式番号で答えなさい．

③　新古典派モデルで総供給曲線を導出するのに必要な方程式を式番号で答えなさい．

④　ケインズモデルで政府支出が増加したとき，均衡国民所得はどのように変化するか．

⑤　新古典派モデルで政府支出が増加したとき，均衡国民所得はどのように変化するか．

〔H14年度　大阪市立大学〕

①　これまでの例題から問題文(2), (4), (5), (6)の各式を用いて導出されます．

$$Y = \frac{h(b + G - cT)}{(1-c)h + ak} + \frac{aM}{(1-c)h + ak} \frac{1}{p} \tag{8-7}$$

③⑤　新古典派の話から進めます．新古典派における重要な前提はすべての

市場，とりわけ労働市場において完全競争（すなわち完全雇用）が成立することです．ここでの労働市場は労働需要関数(7)式および労働供給関数(8)式で与えられており，両者が一致するもとで完全雇用が実現します．以下では問題文(7)式右辺の w/p を ω とすれば，完全雇用の組合せは $(N, \omega) = (L, F'[L])$ で与えられます．こうして決まる雇用量を生産関数(1)式に代入すれば AS 曲線は，

$$Y = F[L] \equiv \bar{Y} \tag{8-8}$$

となり，p から独立になります（③の答）．この水準は G, M, T に依存しませんから，マクロ経済政策の実施で完全雇用国民所得は変化しないことが分かります（⑤の答）．

　新古典派による変数決定のメカニズムを図によって確認しましょう．図8-2を見てください．これは労働市場，生産関数，AD，AS の各曲線の3つのグラフを組み合わせたものです．新古典派にとって生産決定は労働市場の均衡が前提となり，ここでは(7)式および(8)式を通じて雇用量（ここでは L）および

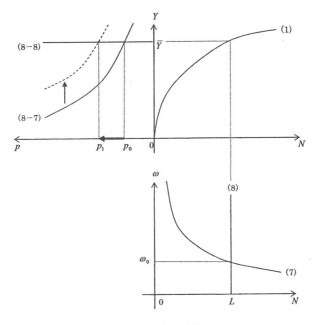

図 8 - 2　新古典派体系

実質賃金率が決定されます．次に労働市場で決定される雇用量を(1)式に対応させて完全雇用国民所得が決定されます．これを AS 曲線として表現すると p 軸に平行な直線となり，これと(8-7)式との交点で物価水準 p_0 が決定されます[4]．ここまでくると，⑤の答えを視覚的に捉えることができます．財政政策の実施は AD 曲線を右にシフトさせますが AS 曲線に影響を与えません．よって物価水準のみが p_1 に上昇します[5]．労働市場については，物価の上昇に伴って実質賃金率が政策実施前と同じになるように貨幣賃金率が上昇するので，労働市場へも本質的影響を及ぼしません．この帰結は財政政策に限らずマクロ経済政策全般について成立します．つまりこの政策を通じて仮に財市場に超過需要状態を創出したとしても，すべての市場で価格変化を通じた需給調整が作用するため，早晩この超過需要が消滅し国民所得および雇用量に一切の影響力を持ち得ません．これが新古典派のマクロ経済政策に対する基本スタンスになります[6]．

②④　次にケインズ派の体系についてみていきます．ケインズ派において根幹となる前提は，労働市場の需給調整メカニズムが何らかの理由で機能しない点にあります．ケインズ自身はこの点について詳細に言及していますが，この例題の文脈にそって集約すると，次の2点になります．

（i）　**古典派の第2公準が成立しない．**

4）　すでに ω が決定されているので，$w_0 = F'[L]p_0$ によって貨幣賃金率が決定されます．

5）　計算によって確認します．(8-8)式を(8-7)式に代入して，

$$p = aM/[\{(1-c)h + ak\}F[L] - h(b+G-cT)] \tag{$*$}$$

と計算でき，これを G で偏微分すれば，

$$\partial p/\partial G = ahM/[\{(1-c)h + ak\}F[L] - h(b+G-cT)]^2 > 0$$

となります．

6）　もう1つ重要な帰結があって，先の脚注($*$)式を M で偏微分します．

$$\partial p/\partial M = a/[\{(1-c)h + ak\}F[L] - h(b+G-cT)] > 0$$

これは金融緩和政策を行うと物価水準が上昇することを表しています．ところが国民所得は完全雇用水準で一定ですから，国民所得は金融緩和政策で動くことはありません．これは名目変数 M の変化がすべての実質変数に影響を与えないことを意味し，これを**貨幣の中立性**といいます．

なぜこのような結論が得られるかというと，新古典派体系において決定するべき変数のうち，ω, N, Y といった実質変数が p に代表される名目変数とは独立に決定され，さらに名目変数は実質変数が決定された後に決定されるという論理構造を持つからです．このような実質変数と名目変数が分離された形で決定されることを**古典派の二分法**といいます．

(ii) 貨幣賃金率が下方硬直的である.

ケインズのいう古典派の第 2 公準とは,「労働供給が実質賃金率に依存して決定される」ことを示します[7]. この公準の非成立を認めると, 図 8-2 の右下の図のような形で労働市場の様子を描くことはできません. 他方貨幣賃金率の下方硬直性は大量の失業が発生しうる, 労働市場の超過供給状態のときに効力を発揮します. 労働市場の超過供給状態は実質賃金率, すなわち貨幣賃金率が高い状況で発生します. 新古典派の前提ならば貨幣賃金率がスムーズに低下することで均衡に到達しますが, それが(理由が何であれ)できないということは完全雇用が実現しえず不均衡状態が持続してしまうことになります. これを認めるならば, 労働市場で雇用量を決定することができなくなり, 新古典派のもつ〈労働市場〉⇒〈生産関数〉⇒〈AD-AS モデル〉という論理構造が崩壊することを意味します. そこでケインズは有効需要の原理にもとづく変数決定の論理を提示し, ケインズ派が支持するのです.

このことを念頭において答えを導出していきます. まず問題文(7)式において問題文(3)式を前提して, 両辺を p で微分して整理します.

$$\frac{dN}{dp} = -\frac{\overline{w}}{p^2 F''[N]} > 0$$

これと問題文(1)式を使えば, AS 曲線の傾きは,

$$\frac{dY}{dp} = -\frac{\overline{w} F'[N]}{p^2 F''[N]} > 0$$

となり, 例題 2 の②のように右上がりの曲線であることが分かります(②の答). ここで重要なことは, ケインズ派においては雇用量が問題文(3)式を前提にして問題文(7)式のみで決定され, それと問題文(1)式にもとづいて国民所得が p に依存する形で決定されるため, 新古典派のように p から独立に決定され得ないことです.

残りの答えは図を用いて示していきます. 図 8-3 にケインズ派における論理構造が示されています. なおここでは新古典派との比較のため, 図 8-2 と同じ変数を軸にした図を使用しています.

---

7) なお問題文(7)式によって労働需要が決まることを**古典派の第 1 公準**とよび, ケインズはこれを認めていました.

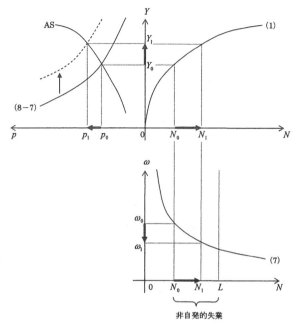

図 8 - 3　ケインズ派体系

　繰り返しになりますがケインズ派は労働市場の機能不全を前提するため，こ
れと生産関数で国民所得を一義的に決めることはできません．そこで左上にあ
る AD-AS 曲線の交点で均衡国民所得と物価水準の組合せ (Y_0, p_0) が決まりま
す．そして Y_0 の生産を実現できるように(1)式を通じて雇用量 N_0 が決まります．
　一見すると，労働市場では何も決定されないような印象を持ちます（事実，
ω_0 は問題文(3)式と AD-AS 分析で決まる p_0 を通じて決定される）が，新古典
派にはない事象が明らかになります．たとえばケインズ派においても L だけ
の労働供給が存在するとします．ところが実際の雇用量は N_0 だけですから，
$L-N_0$ に該当する失業者が存在します．この例題では労働供給が ω から独立
であることを念頭におくと，L は実質賃金率が ω_0 のもとで働く意思のある労
働者数を表しています．つまりここで生じる失業は，与えられた実質賃金率の
もとで就業意思があるにもかかわらず就業機会に恵まれないことから生じるも

のであり，これを**非自発的失業**といいます[8]．ケインズ派が労働市場の機能不全を考える最大の理由が，実はここに求められます．

　これを前提にして，政府支出が増大した場合を考えてみましょう．これまでみた通り，財政政策の実施は AD 曲線を右にシフトさせ，均衡国民所得および物価水準は (Y_1, p_1) に上昇します[9]．国民所得が増大するので雇用量も N_1 に増大し，非自発的失業は $L-N_1$ に縮小できます．こうしてケインズ派は，一般にマクロ経済政策の実施を通じて国民所得はもちろんのこと雇用量も拡充でき，失業対策としても有効であることを主張するのです（④の答）．

練習問題

問題1

　ある国の経済が，以下の3本の方程式で記述できると仮定する．

$$\text{IS 曲線}\qquad S[Y]=I[r]$$
$$\text{LM 曲線}\qquad M=L[r, PY]$$
$$\text{総供給}\qquad Y=\bar{Y}$$

ただし，S：総貯蓄（実質），I：総投資（実質），M：マネーサプライ（名目），L：流動性需要（名目），Y：国内総生産（実質），r：実質金利，P：物価水準，$\bar{Y}$：完全雇用実質国内総生産（正の定数），$dS/dY>0$, $dI/dr<0$, $\partial L/\partial r<0$, $\partial L/\partial (PY)>0$ である．$P=P^*$ となるような均衡にある経済における，拡張的金融政策（M の増加）の効果として正しい記述を以下の選択肢から選びなさい．

8）　図8-2をみると与えられた労働供給がすべて雇用者として吸収されているので，新古典派は失業の存在を無視しているかのような印象を持ちます．この印象はもちろん間違いであって，この結論が得られる最大の原因は労働供給が実質賃金率から独立だからです．
　　もっとも，新古典派でも失業は存在しえますが，その原因は与えられた実質賃金率のもとで就業意思がない労働者が存在することに求められ，これを**自発的失業**といいます．

9）　図の右下の労働市場を見ると，実質賃金率が低下しています．いま財政政策によって国民所得が増加するのを景気の回復と解釈すると，この結論は景気の回復によって実質賃金率が低下することを意味しており，景気の動きと実質賃金率の動きが逆向きになっていることが分かります．これを景気と実質賃金率の**逆循環性**といいます．

① Y は増加，P は不変　　② Y は増加，P も上昇

③ Y は不変，P も不変　　④ Y は不変，P は上昇

〔H20年度　一橋大学〕

問題2

あるマクロ経済における経済変数が以下のように記述されるものとする．

生産関数　$Y_s = 48\sqrt{N}$

労働供給　$N = 1$

消費関数　$C = \dfrac{3}{5}Y + 13$

投資関数　$I = 7 - 4r$

政府支出額　$G = 40$

貨幣の取引需要関数（実質）　$L_1 = \dfrac{1}{3}Y$

貨幣の投機的需要関数（実質）　$L_2 = -5r + 60$

名目貨幣供給　$M = 50$

ただし Y_s は実質総生産，Y は実質国内所得，N は労働量，C は実質民間消費，I は実質民間投資，r は利子率，G は実質政府支出，L_1 と L_2 はそれぞれ実質貨幣の取引需要と投機的需要，M は名目貨幣供給量を表す．この経済は閉鎖経済であり，国際部門は考えなくていいものとして，以下の問に答えなさい．

① 労働市場での均衡が満たされるときの総生産量 (Y_s) を求めなさい．

② 労働市場での均衡が満たされているときの実質賃金はいくらとなるか．ただし，古典派の第1公準が満たされているものとする．

③ IS曲線を求めなさい．ただし財・サービス市場の均衡条件は $Y_s = C + I + G$ であるが，ここでは生産関数を用いずに導出すること．

④ LM曲線を求めなさい．ただし実質貨幣需要は取引需要と投機的需要の加算で表されるものとする．また物価水準を P とおいて答えなさい．

⑤ ③および④から総需要曲線を求めなさい．

⑥ AD-AS分析における均衡の物価水準を求めなさい．

⑦ いま名目貨幣供給が45に減少したとする．このとき完全雇用が維持され

るとすると，物価水準はいくらとなるか．

⑧　⑦と同じだけの物価水準の変化があったとする．このとき名目賃金が完全に下方硬直的であれば，失業率は何％となるか．

⑨　⑧の失業率をゼロに改善するためには，政府は政府支出をどれくらい増加させればいいか．ただし名目貨幣供給は45であるとする．

〔H20年度　岡山大学（抜粋）〕

(Hint) ⑧の硬直的名目賃金は，②⑥から求められる水準であると考えてください．

第9章

ライフサイクル・モデルの基礎

　前3章では連立方程式を用いたマクロ経済分析に関する入試問題を解説してきました．しかし当初からこの分析には幾つかの疑問が指摘されていました．ケインズの主張を支持するケインズ派は財政政策が有効であると主張しますが，金融市場の動きを考慮すれば財政政策によるクラウディング・アウトは避けられません．それ以上に問題視されたのが物価水準一定という前提です．経済主体の合理的行動をもとに市場メカニズムを通じた価格決定，およびその資源配分を重視する新古典派からすれば，許しがたい前提であったはずです．

　こうしたマクロ経済学におけるケインズ派と新古典派の対立関係は，第1次オイルショックをきっかけに発生した**スタグフレーション**で（一応の）決着を見ます．この事実を前にして，価格一定を前提するケインズ派に政策提言能力は備わっておらず，急速に政策立案の現場からも学問の世界においても影響力が失われていきました．

　その後，マクロ経済学は経済主体の合理的行動を前提に分析する（これをマクロ経済学の**ミクロ的基礎付け**という）ことが主流となり，そのもっとも単純なモデルが本章で解説する**ライフサイクル・モデル**です．これは大学院以降のマクロ経済学において分析の中心となる重要な話ですから，学部と大学院への接続を念頭において，幾つかの例題を解説していくことにしましょう．

1．基本的解法

> **例題1**
>
> 　消費者の2期間消費最適化を考える．消費者の効用関数を $u[c_1, c_2]$ とおく．ただし c_i は第 i 期の消費額である（$i=1,2$）．第1期の所得を y_1 と

おく．第2期の所得はゼロである．銀行の預金に対し利子率 r が支払われる．消費者は第1期の所得のうち一部を貯蓄 s として銀行に預金して残りを消費財購入に充て，第2期には戻ってきた預金総額 $(1+r)s$ を消費財購入に充てる．消費者は予算制約のもとで効用最大化を目指す．

① $u[c_1, c_2] = c_1^a c_2^{1-a}$ のときの最適の s を求めよ．ただし $0<a<1$ である．

② $u[c_1, c_2] = c_1 + 2c_1^{1/2}c_2^{1/2} + c_2$ のときの最適の s を求めよ．

③ ①，②で求められた r と s の関係について説明せよ．

〔H20年度　広島大学（抜粋）〕

通常消費者が何らかの消費活動を行うとき，必ずといっていいほど「予算」という壁に直面します．なぜなら，消費者が消費に充当するための資金を借入できないとすれば，彼（彼女）が定期的に獲得する所得と過去から蓄積した資産合計によって，その時点で購入可能な消費額が規定されるからです．消費者行動を解くに当たってはこの関係を特定化する必要があり，これを**予算制約**といいます．このとき問題文にしたがえば，第1期においては所得 y_1 を消費 c_1 と貯蓄 s に配分するので，

$$y_1 = c_1 + s \tag{9-1a}$$

第2期には貯蓄の元利合計のみが手元にあり，そのすべてを消費 c_2 に充てるので，

$$(1+r)s = c_2 \tag{9-1b}$$

と，各期の予算制約がそれぞれ定義できます[1]．

---

1)　一般に異時点間にわたる消費配分の問題で定義される予算制約は，

$$y_t + rs_t = c_t + s_{t+1} - s_t$$

で定義されます．左辺は第 t 期の（労働から得る）所得と（貯蓄から得る）利子所得の合計が，右辺の消費と資産の積み増し $(s_{t+1} - s_t)$ に配分されることを表しています．この例題では，第2期の（労働から得る）所得がゼロ $(y_2 = 0)$ なので(9-1b)式は，

$$rs_2 = c_2 + s_3 - s_2$$

と定義するのが正確です．しかし最適化問題を通じて $s_3 = 0$ が効用最大化の最適条件の1つとして導出できます．これを**横断条件**といい，計画期間外にある将来に資源を残さない，言い換えると計画期間中にすべての資源を使い切ることを表しています．本書で掲載されるライフサイクル・モデルの問題のすべては，横断条件を満足することを前提にして出題されています．そして特に断りのない限り第1期首に保有する貯蓄はない $(s_1 = 0)$ と前提し，貯蓄に関して時間を表す下添え字は省略します．

① このケースでの最適化問題は,

$$Maximize \quad u[c_1, c_2] = c_1^a c_2^{1-a}$$

$$Subject \quad to \quad \begin{cases} y_1 = c_1 + s \\ (1+r)s = c_2 \end{cases}$$

と定式化できます. 予算制約が2つあって, 第3章例題5と同じ構造をもちます. ここでは第3章で示した各stepを確認しながら解答していきます.

【step1】ラグランジェ関数の定義:

$$\Lambda[c_1, c_2, s, \lambda_1, \lambda_2] \equiv c_1^a c_2^{1-a} + \lambda_1(y_1 - c_1 - s) + \lambda_2\{(1+r)s - c_2\}$$

ここで λ_i は第 i 期の予算制約にかかるラグランジェ乗数です.

【step2】一階の条件の計算:

$$\frac{\partial \Lambda}{\partial c_1} = 0 \Leftrightarrow ac_1^{a-1}c_2^{1-a} - \lambda_1 = 0 \tag{9-2a}$$

$$\frac{\partial \Lambda}{\partial c_2} = 0 \Leftrightarrow (1-a)c_1^a c_2^{-a} - \lambda_2 = 0 \tag{9-2b}$$

$$\frac{\partial \Lambda}{\partial s} = 0 \Leftrightarrow -\lambda_1 + (1+r)\lambda_2 = 0 \tag{9-2c}$$

【step3】最適条件の導出:

(9-2)の a, b 式を(9-2c)式に代入して整理すると,

$$\frac{ac_2}{(1-a)c_1} = 1 + r \tag{9-3a}$$

が得られます. ここで左辺は問題の効用関数を c_1 で偏微分したもの ($ac_1^{a-1}c_2^{1-a}$. これを第1期における消費の**限界効用**という)と c_2 で偏微分したもの ($(1-a)c_1^a c_2^{-a}$. 第2期における消費の限界効用)の比率である**限界代替率**, そして右辺が2期間の価格比率である**相対価格**を表します. つまり消費者の効[2)]

---

2) p_i を第 i 期の消費財価格, Y_1 を第1期の名目所得, k を預金に対する名目利子率とします. すると(9-1)式は,

$$Y_1 = p_1 c_1 + s$$
$$(1+k)s = p_2 c_2$$

と書き換えることができます. ここから s を消去して $Y_1/p_1 \equiv y_1$ を第1期の実質所得として整理すれば,

$$c_2 = \{(1+k)p_1/p_2\}(y_1 - c_1)$$

となります. ここで p_1/p_2 が相対価格ですが, p_i の変化率 (すなわち**インフレ率**) プラス1の逆数でもあります. そこでインフレ率を π として, $(1+k)/(1+\pi)$ を $k = \pi = 0$

用が最大になるもとで両者が一致していることが，消費者行動の最適条件となるわけです．

【step4】連立方程式を解く：

(9-3a)式を(9-1b)式に代入すれば $c_1 = \{a/(1-a)\}s$ という関係式が得られるので，それを(9-1a)式に代入して，

$$s^* = (1-a)y_1 \tag{9-4a}$$

と計算することができます．[3]

②　効用関数が変わっているだけですから同じ手順で解けますが，後の例題のためにここでは少し方法を変えます．(9-1)式から s を消去して整理すると，

$$y_1 = c_1 + \frac{c_2}{1+r} \tag{9-5}$$

と書くことができます．これは全計画期間（ここでは2期間）を通じた制約条件を表しており，**通時的予算制約**といいます．(9-5)式左辺は2期間を通じてこの消費者が得る全所得，右辺は2期間を通じた消費財購入の**割引現在価値**をそれぞれ[4]表しており，計画期間を通じた全所得と全支出が等しくなることを意味します．

これを使って最適化問題の定式化をします．

$$Maximize \quad u[c_1, c_2] = c_1 + 2c_1^{1/2}c_2^{1/2} + c_2$$
$$Subject \ to \quad (9\text{-}5)$$

【step1】ラグランジェ関数の定義：

$$\Lambda[c_1, c_2, \lambda] \equiv c_1 + 2c_1^{1/2}c_2^{1/2} + c_2 + \lambda\left(y_1 - c_1 - \frac{c_2}{1+r}\right)$$

の近傍でマクローリン展開（第3章③式において $m=1$ とした上で $k=\pi=0$ を代入）すると，

$$(1+k)/(1+\pi) = 1+k-\pi$$

とでき，$k-\pi \equiv r$ が実質利子率の定義式となります．この過程を遡れば $(1+k)p_1/p_2$ ですから，$1+r$ も相対価格とよんでいいわけです．

3）　このときの消費の組合せは，$(c_1^*, c_2^*) = (ay_1, (1+r)(1-a)y_1)$ となります．

4）　この考え方の基礎は，割引債の価格決定の考え方を援用しています．
たとえば1年満期の割引債の現在の価格を考えてみます．1年後元利合計で P 円得られる割引債が価格 a 円で発行されたとします．もしこのとき投資家がこの割引債を購入すれば $(1+r)a = P$ であり，ここから $a = P/(1+r)$ が得られます．このように将来の価値（ここでは P）を現在の価値（ここでは a）に換算することを割り引くといいます．本書では触れませんでしたが，この考え方は投資理論やファイナンス理論でもよく出てくる概念です．

【step2】一階の条件の計算：

$$\frac{\partial \Lambda}{\partial c_1} = 0 \Leftrightarrow (c_1^{1/2} + c_2^{1/2})\, c_1^{-1/2} - \lambda = 0 \tag{9-6a}$$

$$\frac{\partial \Lambda}{\partial c_2} = 0 \Leftrightarrow (c_1^{1/2} + c_2^{1/2})\, c_2^{-1/2} - \frac{\lambda}{1+r} = 0 \tag{9-6b}$$

【step3】最適条件の導出：

$$\left(\frac{c_2}{c_1}\right)^{1/2} = 1 + r \tag{9-3b}$$

ここでも左辺は効用関数から計算される限界代替率を表します．

【step4】連立方程式を解く：

先ほどと同じ手順で(9-3b)式と(9-1b)式から $c_1 = \{1/(1+r)\}s$ の関係式を計算し，それを(9-1a)式に代入すれば，求める答えは，

$$s^{**} = \frac{1+r}{2+r} y_1 \tag{9-4b}$$

と計算できます．[5]

③　(9-4a)式は r に依存しません．だから①で与えられた効用関数の場合，貯蓄は利子率の影響を受けません．他方(9-4b)式を r で偏微分すれば，

$$\frac{\partial s^{**}}{\partial r} = \frac{y_1}{(2+r)^2} > 0$$

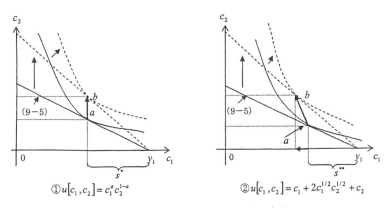

①$u[c_1, c_2] = c_1^a c_2^{1-a}$　　②$u[c_1, c_2] = c_1 + 2c_1^{1/2} c_2^{1/2} + c_2$

図 9-1　利子率上昇による貯蓄の変化

5)　このときの消費の組合せは，$(c_1^{**}, c_2^{**}) = (y_1/(2+r),\ (1+r)^2 y_1/(2+r))$ となります．

であり，②で与えられた効用関数の場合，貯蓄は利子率の増加関数となります．

　この結果を図示してみましょう．それが図9-1で示されており，左側は効用関数が①で定義されているケース，右側が②で効用関数が定義されているケースです．いずれの図でも(9-5)式と各効用関数から導出される**無差別曲線**[6]が描かれており，両者の接点 a で2期間の消費財の組合せが決定される状況を前提します．

　ここで利子率が上昇したとします．これは相対的に第2期の消費財価格が低下したことを意味し，(9-5)式は上方向に動きます．このとき①のケースで(9-4a)式は利子率の変化の影響を受けませんから，第1期の消費も動きません．ゆえに利子率上昇後の2期間の消費の組合せは真上の b 点に動くことになります．他方②のケースで(9-4b)式は利子率の増加関数でしたから，その影響で第1期の消費は減少します．こうして貯蓄増と利子率上昇の相乗効果で第2期の消費は拡大します．ゆえに利子率上昇後の2期間の消費の組合せは左上の点 b に動きます[7]．

2．世代重複モデルへの拡張

　例題1の消費者が生涯を通じて入手できる利子所得以外の所得は第1期の所得 y_1 のみで，第2期にはありません．その意味で y_1 は消費者が働いて得た所得（すなわち労働所得）と考えることができ，第2期には（働いてないから）労働所得がないと見なせます．つまり第1期は就業中の若年期，第2期は退職後の老年期と言い換えてもよく，例題1は消費者の生涯を通じた消費配分問題を考えていたわけです．これがライフサイクル・モデルとよばれている所以です．

---

6)　これは，一定の効用を満足する消費の組合せ（ここでは各期の消費）を示す関係式を図示したものです．

7)　このように動く理由は<u>スルツキー分解</u>によって説明できます（詳細は『ミクロ講義』第4章で解説しています）．
　利子率の上昇によって第1期の消費は，(a)代替効果を通じて減少，(b)所得効果を通じて増加，この2つの効果が同時に作用します．①のケースでは相互に打ち消す方向に作用するため消費，すなわち貯蓄は不変となります．他方②のケースでは(a)の効果が(b)よりも大きく作用するため消費が減少，つまり貯蓄が上昇するのです．
　なお第2期にも利子所得以外の正の所得がある場合，(b)の効果が(a)を上回り，結果利子率の上昇で貯蓄が減少するケースがあります．

　ところで現実に目を向けると，ある時点で生活する消費者は厳密に生まれた時期が異なるため，その生まれた時期で区分（たとえば20代後半，40代など）した特定世代の構成員として生活しています．特定世代の構成員という変な表現を用いましたが，私たちの生活は特定世代内で通用する世界で完結しているわけがありません．そこにはさまざまな世代の構成員と交流しながら日々過ごしているはずです．これを上述の考え方に当てはめると，図9‐2のようにある時点で若年期を生きる消費者と老年期を生きる消費者が共存し，しかもこの構造が持続する世界を描き出すことができます．こうして若年期と老年期のライフ・サイクルを過ごす消費者において，生まれた年（＝世代）を明示的に区分する**世代重複モデル**が形成され，今のマクロ経済分析の中心に位置するモデルの１つになっています．ここでは世代重複モデルに関する例題をみていきます．

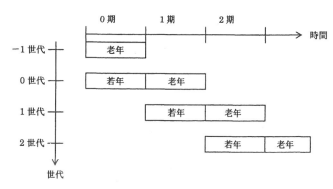

図 9‐2　世代重複モデルの構造

例題2

　個人の消費・貯蓄行動が以下のようなモデルで決まるとする．

　　効用関数：$u = \alpha \log c_1 + (1-\alpha) \log c_2$

　　若年期の予算制約：$y = c_1 + s$

　　高齢期の予算制約：$(1+r)s = c_2$

ただし y は若年期の所得，c_1 は若年期の消費，s は若年期の貯蓄，r は利子率，c_2 は高齢期の消費，α $(0 < \alpha < 1)$ は定数である．なお所得 y は若年

期のみに生じるものとする.

① 以下では，単純化のため利子率をゼロとするとき，個人レベルでの
貯蓄 s はどのように与えられるか.

② ある時点における若年者数を N_Y，高齢者数を N_O とする．両者の
比率が，

$$N_Y = \rho N_O$$

（ρ は正の定数）と表されるとき，経済全体での貯蓄率 S/Y はどの
ように表されるか.

③ 人口構造の高齢化が進行することで，経済全体での貯蓄率がどのよ
うに変化するか.

〔H19年度　東北大学（抜粋）〕

① 例題1と同じ手法です．ここでは $r=0$ に注意して，

$$Maximize \quad u = \alpha \log c_1 + (1-\alpha)\log c_2$$

$$Subject \ to \quad \begin{cases} y = c_1 + s \\ s = c_2 \end{cases}$$

で記述される最適化問題を解きます．ここから答えは $s^* = (1-\alpha)y$ となり，(9
-4a)式に一致します.

② 解答するに当たって少し補足しておきます．問題文では指定していませ
んが，各期の消費 $c_i (i=1,2)$，所得 y および貯蓄 s は1人当たりの変数です．
そして任意の時点で生まれた消費者は全員問題文にある効用関数を持ち，全員同
じ所得を得ます．つまり①の答えは，任意の時点で若年期だった消費者が全員同
量の貯蓄（および消費）を行うことを表しています．また若年期人口と老年期人
口の関係を仮定することは，まさに世代重複モデルを考えているということです.

そこで答を見えやすくするために，$N_t (=N_Y)$ を時点 t における若年期人
口とします．すると時点 t における老年期人口は $N_{t-1} (=N_O)$ であり，問題
文の関係式は $N_t = \rho N_{t-1}$ と置き換えることができます．そして時点 t におけ
る経済全体の貯蓄 S_t は，同時点における総所得 $Y_t (=yN_t)$ から若年期および
高齢期に属する消費者の総消費を引いたもの，すなわち $yN_t - c_1 N_t - c_2 N_{t-1}$ で
与えられます．これに問題文の諸式および(9-4a)式を代入して答えは，

$$\frac{S_t}{Y_t} = (1-\alpha)\left(1-\frac{1}{\rho}\right) \quad (9\text{-}7)$$

となります.

③ 正定数 ρ は 1 プラス人口成長率です[8]. 人口構造の高齢化とは人口成長率の低下で N_t の増加が鈍ることで, 総人口に占める高齢期人口の割合 ($1/(1+\rho)$) が高まることを指します. つまり人口構造の高齢化とは ρ の低下として捉えることができます.

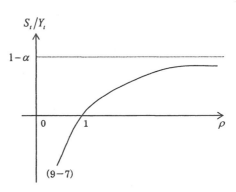

図 9-3　貯蓄率と ρ の関数

そこで(9-7)式を図にしてみましょう. 図 9-3 にそれが描かれてあり, これは縦軸と $S_t/Y_t = 1-\alpha$ を漸近線に持つ直角双曲線となります. この図から, 人口構造の高齢化は経済全体の貯蓄率を一様に引き下げ, $\rho<1$, すなわち人口減少の事態になると経済全体での貯蓄の食いつぶしが生じます[9].

3. 不確実性を含む場合

例題 3

　現在と将来の 2 期間のみ生きる家計を考える. いま, 現在時点にあるとする.

　家計の現在の所得は y_1 であることが確実に分かっている. 将来の所得 $\tilde{y}_2$ については確率 p で $\tilde{y}_2 = y_2 + \varepsilon \equiv y_2^H$, 確率 $1-p$ で $\tilde{y}_2 = y_2 - \varepsilon \equiv y_2^L$ で

---

8)　時点 t における総人口を L_t とすれば, $L_t = N_t + N_{t-1} = (1+1/\rho)N_t$ です. よって人口成長率を n とすれば,

$$n \equiv (L_{t+1} - L_t)/L_t = N_{t+1}/N_t - 1 = \rho - 1$$

となります.

9)　もちろん個人レベルでの貯蓄率は, (9-4a)式より $1-\alpha$ で与えられます. 個人レベルでは毎期 N_t 人の若年期消費者が貯蓄行うのですが, それより多い N_{t-1} 人の高齢期消費者が貯蓄の引き出しを行うので, 結果的に経済全体の貯蓄率がマイナスになるのです.

あることが分かっているものとする．ただし $0 \leq \varepsilon \leq y_2$，かつ y_2, ε の値は確実に分かっているものとする．

　現在から将来にかけての利子率はゼロであるとする．家計は現在に c_1 の消費と $s_1 = y_1 - c_1$ の貯蓄を行い，将来に $\tilde{c}_2 = \tilde{y}_2 + s_1$ の消費を行うが，そのとき次のような2期間にわたる効用の期待値を最大にするように，現在の消費 c_1 と将来の消費 $\tilde{c}_2$ を計画する．

$$\log c_1 + E[\log \tilde{c}_2]$$

ここで $E[\bullet]$ は期待値をあらわす．本問では，与えられた y_1 と $\tilde{y}_2$ の下で，家計の計画する貯蓄が正（すなわち $y_1 - c_1 > 0$）になる場合のみを考えることにする．

① 　将来の所得が確実（すなわち $\varepsilon = 0$）である場合，この家計の行う現在の消費を求めなさい．

② 　将来の所得が不確実（すなわち $\varepsilon > 0$）である場合，この家計の消費計画が満たすべき一階条件（オイラー方程式）を，現在の消費についての2次方程式として示しなさい．

③ 　この家計が将来の所得が確実である場合に行う現在の消費と，将来の所得が不確実である場合に行う現在の消費と比較し，どちらが大きいかを示しなさい．

〔H17年度　京都大学（抜粋）〕

　これまでの例題と違って将来において貯蓄以外の所得がある状況です．しかしそれがある確率にしたがって実現すると仮定されているだけで，どれが実現するかは現在時点では分かりません．こうした状況を一般に**不確実性**といい，この例題はライフサイクル・モデルに不確実性を導入した話です．[10]

① 　ここでは $\tilde{y}_2$ が不確実な状況にはないので簡単です．

$$Maximize \quad u = \log c_1 + \log c_2$$

$$Subject \ to \quad \begin{cases} y_1 = c_1 + s \\ y_2 + s = c_2 \end{cases}$$

で記述される最適化問題を解きます．ここから求める答えは，

---

10)　不確実性を伴う際の分析手法は『ミクロ講義』第10章でも解説しています．

$$c_1^* = \frac{y_1 + y_2}{2} \tag{9-8}$$

となります.[11]

② 将来所得が不確実なケースでの現在消費の導出です. 現在の予算制約は
①で示したものと変わりませんが, 将来の予算制約が所得の状態に応じて,

$$\begin{cases} c_2^H = y_2^H + s \\ c_2^L = y_2^L + s \end{cases} \tag{9-9}$$

に修正されます. ところが $\tilde{y}_2$ が不確実となると $\tilde{c}_2$ も不確実となり, ラグランジェ乗数法で $\tilde{c}_2$ を直接制御することはできません. そこで別の手立てを考えます.

その準備作業として期待値について解説します. これは一般に実現する値にそれが生起する確率をかけて, 全事象で合計したものです. いま問題となる値は $\log \tilde{c}_2$ ですが, これは実現する将来時点の効用を表し, その期待値 $E[\log \tilde{c}_2]$ を期待効用といいます. ではある効用が実現する確率はどう対応するのでしょうか？問題の設定から将来所得の生起する確率であることが容易に分かります. たとえば確率 p で y_2^H が実現します. これに現在時点で制御した貯蓄 s を加えたものが c_2^H になるため, それが生起する確率も p です. よって実現する効用 $\log c_2^H$ の生起する確率も p になります. このことを考慮すれば, 将来時点の期待効用は $E[\log \tilde{c}_2] = p\log c_2^H + (1-p)\log c_2^L$ であり, これに現在の予算制約および(9-9)式を代入すれば,

$$p\log(y_1 + y_2 + \varepsilon - c_1) + (1-p)\log(y_1 + y_2 - \varepsilon - c_1) \tag{9-10}$$

となり, これは c_1 を制御すれば制御可能な関数となります. そこでこれを $V[c_1]$ と書けばこの問題は,

$$Maximize \quad \log c_1 + V[c_1]$$

で記述されます.(9-10)式を考慮して一階の条件を求めます.

---

11) 残りの答えの組合せは,

$$(c_2^*, s^*) = ((y_1 + y_2)/2, (y_1 - y_2)/2)$$

であり, このケースで $s^* > 0$ であるためには $y_1 > y_2$, すなわち将来の所得が現在の所得を下回らなければなりません. この条件を満たさないとき $s^* < 0$ となりますが, これは消費者が現在時点で借入を行っていることを意味します. この可能性については次章で取り扱います.

$$\frac{1}{c_1} - \frac{p}{y_1+y_2+\varepsilon-c_1} - \frac{1-p}{y_1+y_2-\varepsilon-c_1} = 0$$

ここから求める関係式（**オイラー方程式**）は $y_1+y_2 \equiv Y$ として，

$$2c_1^2 - (3Y+(1-2p)\varepsilon)c_1 + Y^2 - \varepsilon^2 = 0 \tag{9-11}$$

となります．

③　(9-11)式から簡単に，

$$c_1^{**} = \frac{3Y+(1-2p)\varepsilon - \sqrt{(Y+3\varepsilon)^2 - 4p\varepsilon(3Y+(1-p)\varepsilon)}}{4} \tag{9-12}$$

と得られます．[12] よって(9-8)式と(9-12)式の大小比較を通じて，

$$c_1^* \gtreqless c_1^{**} \Leftrightarrow p \lesseqgtr \frac{1}{2} + \frac{\varepsilon}{Y} \equiv \bar{p} \quad (\text{複号同順})$$

という条件が得られます．確率 p が $\bar{p}$ より大きいことは，将来所得が減少する可能性がかなり低い（だがゼロではない）ことを意味し，そのような状況に限り c_1^{**} は c_1^* よりも大きくなります．別言すればその場合，貯蓄は将来所得の確定している場合と比べて小さくなります．でもそのような状況でなければ，将来所得の低下に備えて c_1^{**} を（c_1^* と比べて）抑制し貯蓄をより多くすることがわかります．

練習問題

問題1

今ある家計の初期資産が A 円であるとする．この家計は T 年間，毎期 Y

---

12)　(9-12)式のもう1つの解は，問題文の設定を通じて除外できます．なぜならもう1つの解において $\varepsilon=0$ のとき $c_1^{**}=y_1+y_2$ となりますが，$y_1-c_1^{**}=-y_2<0$ となり，問題の設定（$y_1-c_1>0$）と矛盾するからです．

　ところで(9-12)式の根号の中身は必ず正になります．いまこれを p の関数として $f[p]$ とします．すると，

$$f[p] = 4\varepsilon^2 p^2 - 4\varepsilon(3Y+\varepsilon)p + (Y+3\varepsilon)^2$$

と p の2次関数となります．これは $p=(3Y+\varepsilon)/2\varepsilon>1$ のとき最小値 $-8(Y^2-\varepsilon^2)$ をもちます．また，

$$f[0] = (Y+3\varepsilon)^2 > 0$$
$$f[1] = (Y-3\varepsilon)^2 > 0$$

であるので，$0<p<1$ の範囲で $f[p]>0$ であることが分かります．

円の労働所得を得るとする．引退してから L 年後に死亡する．なお死亡時に子孫に B 円の遺産を残すとする．利子率はゼロとする．

① この家計の一生涯に渡る消費可能額な資産を求めよ．

② この家計の毎期の消費額を求めよ．

③ この家計の毎期の貯蓄額を求めよ（$0 \leq t \leq T$, $T \leq t \leq T+L$ の場合わけをすること）．

④ 働き始めて H 年目に労働所得が Y から Y' に昇給し，以後そのまま Y' に留まったとする．この場合の消費者の消費額を求めよ．

〔H17年度　広島大学〕

問題 2

ある個人は，第 1 期において得た100の所得のうち一部は消費財の購入に支出し，残りを全て債券に投資するものとする．債券の収益率は確率 $2/3$ で0.1に，確率 $1/3$ で0.4になるものとする．第 2 期に個人は，債券投資の元金と収益の合計を全て消費財の購入に支出するものとする．個人の効用関数が $u = c_1 c_2$（c_1：第 1 期の消費量，c_2：第 2 期の消費量）で示されているとすると，この個人は第 1 期に債券にいくら投資するか．ただし個人は期待効用が最大になるように行動するものとする．

① 30　　② 40　　③ 50　　④ 60

〔H14年度　一橋大学〕

問題 3

家計の効用関数 U を，

$$U[c_1, c_2] = c_1^{\alpha} c_2^{1-\alpha} \quad 0 < \alpha < 1$$

とせよ．ただしここで c_1 は若年期の消費，c_2 は老年期の消費である．そして家計の若年期の所得を y_1，老年期の所得を y_2，実質利子率を r とせよ．

① 若年期および老年期の消費関数を求めよ．

② 恒久的な消費税が導入されたとする．このとき①で求めた消費関数がどのような影響を受けるか．

〔H12年度　東京大学（改題）〕

問題 4

代表的家計が若年期に働き，実質所得 Y を得，退職してからは所得がゼロの生活を送るライフサイクル・モデルを考える．若年期の実質消費を c_1，退職してからの実質消費を c_2 とする．この家計の生涯にわたる効用関数は，

$$U = c_1^{0.7} c_2^{0.3}$$

である．退職後の消費は，若年期からの貯蓄 S からの元利によって賄われ，遺産は一切残さないと仮定する．貯蓄のための実質利子率を r とする．

① 実質所得 Y，実質利子率 r を所与として家計が効用を最大化する結果，若年期の消費 c_1 および退職期の消費 c_2 はいくらになるか．

② 若年期から退職期に残す貯蓄 S はいくらか．

③ この代表的家計の「生涯にわたる」貯蓄の割引現在価値はいくらか．

④ この代表的家計（家計 1 とよぶ）が若年期にあるとき，同じ効用関数を持つ別の家計（家計 2 とよぶ）が退職世代として存在する世代重複モデルを考えよう．実質所得，実質利子率が時間を通じて一定であると仮定すると，家計 1 が若年期にあるとき（すなわち，家計 2 が退職期にある）の「マクロ」の貯蓄はいくらか．

〔H13年度　上智大学〕

第  章

金融市場

前章ではマクロ経済学のミクロ的基礎付けの第一歩であるライフサイクル・モデルの基本構造についてみてきました．そこで重要だった点は，将来のことを考えて最適化行動をする場合は一般に資源を将来に持ち越すことです．

ところで資源を将来に持ち越すとはどういう行為なのでしょうか？資源が腐食しなければ（貨幣がその典型）そのまま倉庫などに保存すればいいでしょうが，別な見方をすれば，ある時点で資源を保存するということはその時点で利用されていない資源が存在することを意味します．そこで主体がある時点で利用せず保存しようとする資源は，それを利用したいと思う別な主体に渡せばいい．ただしそれは贈与ではなく将来時点で返してもらう．こうした観点から発達してきたのが**金融市場**です．そこで本章では前章のライフサイクル・モデルを用いて金融市場を扱った問題を見ていくことにします．

1．資産選択

例題 1

若年期（以下 y 期）と老年期（以下 o 期）の 2 期間生きる個人のライフ・サイクルを考える．t 年に生まれた世代に属する個人は，y 期においてそれぞれ有する労働力 1 単位を名目賃金 W_t に関わらず企業に提供し賃金を受け取る．また個人は，$t+1$ 年に名目利子率 i_{t+1} が得られる金融資産 A_{t+1} を y 期に購入し，o 期にその元利合計を受け取る．

t 年に生まれた個人は，以下の効用関数 U_t を最大にする．

$$U_t = (m_{t+1})^{1/2}(c^o_{t+1})^{1/2}$$

ここで m_{t+1} は o 期の消費のために y 期に残す実質貨幣残高（y 期に残す

名目貨幣残高 M_{t+1} を $t+1$ 年の物価水準 P_{t+1} で割ったもの），c^o_{t+1} は o 期の消費水準である．なお個人は y 期で一切消費しないものとする．

① t 年生まれの個人が，y 期および o 期に直面する予算制約式を表せ．

② 効用最大化の結果得られる実質貨幣需要関数を，名目利子率を用いて表せ．

③ 名目利子率がほぼゼロの状態では，実質貨幣需要はどうなるか．②の計算結果を用いて説明せよ．

〔H14年度　上智大学〕

① y 期では一切消費しないと仮定されているので，この消費者は同期に得た貨幣賃金 W_t の一部を金融資産 A_{t+1} の購入に充て，残額を貨幣 M_{t+1} のまま保有して次期に持ち越します．よって予算制約式は，

$$W_t = A_{t+1} + M_{t+1} \tag{10-1a}$$

で与えられます．他方 o 期において，消費者は金融資産の元利合計と前期から持ち越した貨幣をすべて消費支出に充てます．よって予算制約式は，

$$(1+i_{t+1})A_{t+1} + M_{t+1} = P_{t+1}c^o_{t+1} \tag{10-1b}$$

で示されます．

② ここでは予算制約を１つにまとめて答を出します．そのために(10-1)式から A_{t+1} を消去したものの両辺を P_{t+1} で割ります．

$$(1+i_{t+1})\frac{W_t}{P_{t+1}} - i_{t+1}m_{t+1} = c^o_{t+1}$$

ここで $w_t \equiv W_t/P_t$ で t 年の実質賃金，$\pi_{t+1} \equiv (P_{t+1}-P_t)/P_t$ で時点 t から時点 $t+1$ にかけてのインフレ率とおくと通時的予算制約式は，

$$w_t = \frac{(1+\pi_{t+1})(c^o_{t+1}+i_{t+1}m_{t+1})}{1+i_{t+1}} \tag{10-2}$$

で与えられます[1]．ここから最適化問題は次のように定式化できます．

Maximize $\quad U_t = (m_{t+1})^{1/2}(c^o_{t+1})^{1/2}$

Subject to (10-2)

あとは前章でみた通りの手順を踏んで，求める実質貨幣需要関数は i_{t+1} の関数

---

1) $i_{t+1}m_{t+1}$ は所得を貨幣のまま保有することによって失う利子所得を表し，（一般に）ある行為を通じて失われる収益のことを**機会費用**とよびます．

として，

$$m^*_{t+1} = \frac{1+i_{t+1}}{2i_{t+1}(1+\pi_{t+1})}w_t \tag{10-3}$$

と計算できます[2)]．

③　（問題には指定されていませんが）$a_{t+1} \equiv A_{t+1}/P_{t+1}$ を実質金融資産残高とすると，(10-3)式を(10-1a)式に代入して，

$$a^*_{t+1} = \frac{i_{t+1}-1}{2i_{t+1}(1+\pi_{t+1})}w_t \tag{10-4}$$

と計算できます．

w_t, π_{t+1} を所与として，(10-3)式および(10-4)式を図示して答えに到達します．そこで2つの式の性質を明らかにしておきます．

$$\begin{cases} \dfrac{\partial m^*_{t+1}}{\partial i_{t+1}} = -\dfrac{w_t}{2i^2_{t+1}(1+\pi_{t+1})} < 0 \\[3mm] \lim_{i_{t+1}\to 0} m^*_{t+1} = +\infty, \ \lim_{i_{t+1}\to\infty} m^*_{t+1} = \dfrac{w_t}{2(1+\pi_{t+1})} \end{cases}$$

$$\begin{cases} \dfrac{\partial a^*_{t+1}}{\partial i_{t+1}} = \dfrac{w_t}{2i^2_{t+1}(1+\pi_{t+1})} > 0 \\[3mm] \lim_{i_{t+1}\to 0} a^*_{t+1} = -\infty, \ \lim_{i_{t+1}\to\infty} a^*_{t+1} = \dfrac{w_t}{2(1+\pi_{t+1})} \end{cases}$$

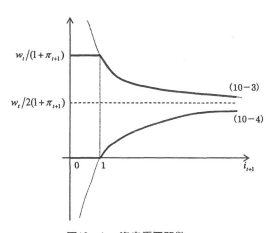

図10-1　資産需要関数

2)　ちなみに時点 $t+1$ における消費は，$(c^0_{t+1})^* = (1+i_{t+1})w_t/2(1+\pi_{t+1})$ となります．

以上を踏まえて図示したものが図10-1です．図から明らかなように，i_{t+1} が低い（高い）ほど消費者は利子を生まない（生む）貨幣（金融資産）をより多く保有しようとします．ところが $i_{t+1} \leq 1$ ならば，実質賃金 $w_t/(1+\pi_{t+1})$ を超えて貨幣を保有できません．だからこの消費者は実質賃金の全てを貨幣として保有し，金融資産を一切持ちません [3]．そのため(10-3)式および(10-4)式は $i_{t+1}=1$ で屈折する曲線となるわけです．

例題2

　時点 $t=0$ と時点 $t=1$ でのみ取引可能な経済モデルを考える．当該経済には不確実性があり，時点1では状態1と状態2が各々確率1/3と2/3で生起するとする．当該経済には単一の異時点への持越しが不可能な消費財があり，すべての資産の価格と価値は，この消費財単位で表されているとする．また1つの株式と1つの債券が存在し，$S_0[t]$ を時点 t での債券価格，$S_1[t]$ を時点 t での株式価格とし，

$$S_0[0]=1, S_0[1]=1$$

$$S_1[0]=1, S_1[1]=\begin{cases} 1.5 & \text{状態1が生起した場合} \\ 0.5 & \text{状態2が生起した場合} \end{cases}$$

とする．なお債券，株式とも時点 $t=[0,1]$ では，配当や利払いなどのインカム・キャッシュ・フローが生じないものとする．

　時点0での消費財消費の効用関数 $u_0[c_0]$ と時点1における同消費の効用関数 $u_1[c_1]$ が次で定義される投資家を考える．

$$u_0[c_0]=u[c_1]=\log c_t \quad t=0,1$$

今この投資の時点0での富を $e_0=1$ とし，時点 $t=[0,1]$ では収入はないとする．

---

3)　これが第6章で触れた流動性のわなという状態です．
　　貨幣保有で効用を得ている消費者は低金利状態になるほど資金を貨幣のまま保有する動機が強く働き，結果として資金が銀行・証券市場などの金融システムに流れません．このことは，金融システムを通じた主体間の資金移転がスムーズに行われなくなることを意味し，結果として（資金需要者である）生産者活動を収縮せざるを得なくなってしまいます．これが不況の持続する1つの要因として作用し，ケインズが主張しケインズ派が支持した不況の一側面です．

　　当該投資家は，時点 0 での債権と株式の保有単位数を各々 x_0, x_1 として，次の最適化問題，

$$最大化　E[u_0[c_0]+u_1[c_1]]$$
$$条件　c_0=1-S_0[0]x_0-S_1[0]x_1$$
$$c_1=S_0[1]x_0+S_1[1]x_1$$

の解となるように各時点における最適消費量を決定しているとする．ただし $E[\bullet]$ は期待値を表す．

　①　各時点での最適消費量を求めよ．

　②　①の最適消費量を達成する債券と株式の保有単位数を求めよ．

〔H15年度　京都大学（改題）〕

　①②　任意に (x_0, x_1) を選んだとします．このとき時点 1 において状態 1 が実現すれば，そのときのインカム・キャッシュ・フロー合計 $x_0+(3/2)x_1$ はすべて消費 c_1^1 に充当されます．同様にして時点 1 において状態 2 が実現したとき，インカム・キャッシュ・フロー合計 $x_0+(1/2)x_1$ のすべてが消費 c_1^2 に充当されます．ここで c_1^j は時点 1 で状態 $j\,(=1,2)$ が実現したときの消費をあらわします．問題の構造自体は前章例題 3 の②と同じですが，ここでは別なアプローチから解いていきます．問題文からは c_0, x_0, x_1 を同時に決定する問題と解釈できますが，以下のように 2 つの段階に分けた意思決定を考えます．

　・1 の富を時点 0 での消費 c_1 と時点 1 に持ち越す富 s に配分する．

　・s を債券 x_0 と株式 x_1 に配分する．

こうすることで，x_0, x_1 と c_0 を分離して決定することができます．そこで最初に x_0, x_1 を決定する問題からみていきましょう．これらは時点 0 で決定しますがその成果は時点 1 で明らかとなり，しかも時点 0 では（株式のインカム・キャッシュ・フローが時点 1 の状態によって異なるから）不確実性に直面します．ただ s は最初の段階で決めているので，ここでは所与と見なせます．だからここでは制約条件のある期待効用最大化問題，

$$Maximize\quad \frac{1}{3}\log\left(x_0+\frac{3}{2}x_1\right)+\frac{2}{3}\log\left(x_0+\frac{1}{2}x_1\right) \tag{10-5}$$
$$Subject\ to\quad x_0+x_1=s$$

として考えます．この問題は通常のラグランジュ関数から解くことができ，一

階の条件から最適条件を導出すれば $2x_0 + 5x_1 = 0$ です．これと制約条件から $(x_0, x_1) = ((5/3)s, -(2/3)s)$ が得られます．

しかしこれは奇妙な結果です．x_0 は上限のはずの s を超え，x_1 にいたっては負値です．この結果に経済学的意味がないので，$(x_0^*, x_1^*) = (s, 0)$ が本当の答えになります（②の答）[4]．その直感的理由は株式保有で期待されるインカム・キャッシュ・フロー $-\frac{2}{3} \cdot \frac{1}{2} + \frac{1}{3} \cdot \frac{3}{2} = \frac{5}{6} < 1$ が債券のインカム・キャッシュ・フローを下回るからです．期待値は平均値と読みかえることができるので，この結果は株式保有が平均的には儲からないことを意味します．儲からない手段に無駄金を投入するのはもったいない．だから株式保有は一切せず，安全な債券のみを保有する解が得られるのです[5]．

この消費者がインカム・キャッシュ・フローの不確実性のない債券のみを保有するということは，c_0, s の決定において不確実性に直面しないことを意味します．よって(10-5)式と問題の効用関数から，

$$Maximize \quad \log c_0 + \log s$$

$$Subject \ to \quad c_0 + s = 1$$

を解けばよく $(c_0, s) = (1/2, 1/2)$，すなわち $(c_0, c_1^1, c_1^2) = (1/2, 1/2, 1/2)$ が得られます（①の答）[6]．

---

4) いわゆる**端点解**の状況です．この問題で定義されるラグランジェ関数を $x_j (j = 1, 2)$ で偏微分したものに $x_0 = s, x_1 = 0$ を代入します．
$$\partial \Lambda[s, 0, \lambda] / \partial x_0 = 1/s - \lambda \qquad (*)$$
$$\partial \Lambda[s, 0, \lambda] / \partial x_1 = 5/6s - \lambda \qquad (**)$$
ここで($*$)式がゼロになるように λ が制御されていると，($**$)式の符号は確実にマイナスになります．この結果は，少しでも株式を保有すればラグランジェ関数の値が確実に減少することを意味します．

5) たとえば状態1が実現したときの株式のインカム・キャッシュ・フローが 5/2 の場合，その期待値は $\frac{2}{3} \cdot \frac{1}{2} + \frac{1}{3} \cdot \frac{5}{2} = \frac{7}{6} > 1$ で債券のインカム・キャッシュ・フローを超えます．そしてこのもとでの最適条件 $2x_0 = 7x_1$ から，$(x_0, x_1) = ((7/9)s, (2/9)s)$ と解が得られ，株式も保有されます．

6) ちなみに先の脚注のケースでは，株式を保有するため期待効用最大化問題を解かねばなりません．しかしこれは，
$$Maximize \quad \log c_0 + \log s + \frac{1}{3} \log \left(\frac{12}{9} \right) + \frac{2}{3} \log \left(\frac{8}{9} \right)$$
$$Subject \ to \quad c_0 + s = 1$$
と記述でき，これを解けば $(c_0, c_1^1, c_1^2) = (1/2, 2/3, 4/9)$ が得られます．

2. 金融市場の均衡

例題 3

　消費者 a, b からなる純粋交換経済を考える．個人 $i (= a, b)$ は各期において単一の非耐久消費財（コーン）を消費する．個人 i の生涯効用は，
$$u^i[c_0^i, c_1^i] = \log c_0^i + \log c_1^i$$
で与えられる．ここで各個人のコーンの保有量ベクトルは，
$$(e_0^a, e_1^a) = (2, 4)$$
$$(e_0^b, e_1^b) = (4, 2)$$
であるとする．第 0 期首における金融資産は各個人ともゼロとし，（予算式が満たされる限りにおいて）自由にコーンの貸し借りのできる競争的金融市場が存在するものとする．

　① r を実質利子率として，各個人のコーンの貸出（負の場合は借入）量を求めなさい．

　② この経済の競争均衡配分 $((c_0^i)^*, (c_1^i)^*)$ と均衡利子率 r^* を求めなさい．

〔H17年度　京都大学（改題）〕

　生産活動が具体化されていない代わりに資源（コーン）が毎期一定量与えられ（この量を**賦存量**という），それを消費者間で交換できる（金融）市場が存在しています．こうした経済環境を**純粋交換経済**といいます．

　① 各消費者に毎期一定量の資源が賦与されることを念頭におけば，消費者 i の直面する最適化問題は次のように記述されます.[7]

$$Maximize \quad u^i = \log c_0^i + \log c_1^i$$
$$Subject\ to \quad \begin{cases} e_0^i = c_0^i + s^i \\ e_1^i + (1+r) s^i = c_1^i \end{cases}$$

ただし貯蓄 s^i はこの例題においては負値をとりえ，$s^i < 0$ であれば資源を借り

---

[7] ここで考えている資源は非耐久消費財であって，そのまま将来へ持ち越すのが不可能な財です．その意味で，この例題における横断条件は第 1 期に資源の貸借が行われないことを意味します．

ているものとします．これまでの手順を踏めば s^i は，

$$(s^i)^* = \frac{e_0^i}{2} - \frac{e_1^i}{2(1+r)}$$

と計算できます．これに問題文の資源保有量ベクトルを代入すれば，

$$((s^a)^*, (s^b)^*) = \left(1 - \frac{2}{1+r}, 2 - \frac{1}{1+r}\right) \tag{10-6}$$

となります．

②　ところで(10-6)式から

$$(s^a)^* \gtreqless 0 \Leftrightarrow r \gtreqless 1 \quad (複号同順)$$

$$(s^b)^* \gtreqless 0 \Leftrightarrow r \gtreqless -1/2 \quad (複号同順)$$

という条件を得ます．非負の r を前提すれば $(s^b)^* > 0$ であるのは確実です．しかし $r > 1$ ならば $(s^a)^* > 0$ であり，2消費者しかいない純粋交換経済を前提する限り，この状況では金融市場が機能しません（∵資源の借り手がいない）．そこで消費者 a が資源の借り手であるとして話を進めます．

彼（彼女）の資源の借入量を $d^a \equiv -s^a$ とします．このとき競争的金融市場では，貸借の**超過需要**（$d^i - s^j$）がゼロになるところで価格，ここでは均衡利子率が決定されます．たとえば $d^a > s^b$（すなわち超過需要が正）のとき，個人 a に必要かつ十分な資源が移転されず，彼の最適化が実現できません．他方 $d^a < s^b$（すなわち超過需要が負）では個人 a には資源が首尾よく移転できますが，貸出予定の資源が残ってしまいます．このとき個人 b は最適化を通じて s^b を決めていますから，残った貸出量は回収することなく破棄されます．この事態は資源の有効活用という観点からは実にもったいない帰結です．つまり超過需要が非ゼロの状況は経済にとって都合が悪く，その帳尻を合わせるために利子率が調整されるわけです．そこでこの条件に(10-6)式を代入すると，

$$3\left(\frac{1}{1+r} - 1\right) = 0$$

と整理でき，均衡利子率は $r^* = 0$ と簡単に計算できます．そしてこれを(10-6)式に代入して各消費者の財の賦存量と対応させれば，

$$((c_0^a)^*, (c_1^a)^*) = ((c_0^b)^*, (c_1^b)^*) = (3, 3)$$

が求まります．この組合せのことを**競争均衡配分**といい，これと均衡利子率をセットにして**競争均衡**といいます．

3．利子率の決定要因

さて例題 3 では均衡利子率がゼロでした．なぜでしょう？

消費者 a は第 0 期において 2 単位の資源しか持っていない．でも第 1 期において 4 単位の資源を確実に賦与されるので，「第 1 期に 1 単位のコーンを返済するので，現時点で 1 単位のコーンを貸してほしい」と消費者 b に申し込むでしょう．消費者 b にすれば第 0 期に貸せば消費量が 1 単位減少する反面，第 1 期に消費者 a から資源を 1 単位返済してもらうので，彼（彼女）における第 1 期の消費量は 3 単位に増大します．そして生涯を通じた資源の賦存量は不変ですから，消費者 b はこの申し込みを拒否する理由はありません．こうして 2 期間を通じて消費者間で 1 単位の資源の移転が利子率ゼロで行われ，そのことを通じて各消費者の消費配分は平準化されるのです．

もちろん現実の利子率は正値で与えられるのが一般的ですから，どういった状況下において正値で存在するのかを考えなければなりません．ここでは例題 3 の状況を基本として，必要最小限の修正を通じて考えてみたいと思います．

3．1．割引要因

問題文にある生涯効用の定義式は，時点 0 で見た時点 1 の効用がそのままの値で評価されることを示しています．しかし，将来の効用を現時点で評価したものが将来実現する効用と厳密に一致するという考え方は一般的ではありません．そこで将来実現する効用を現時点で評価するために，それを割り引く作業を行います（前章脚注 4 参照）．ただしそれは消費者が主観的に判断するもので，これを**主観的割引要因**といい，$0 < \delta < 1$ という 1 未満の正定数であるとします．そこで例題 3 の最適化問題を，

$$Maximize \quad u^i = \log c_0^i + \delta \log c_1^i$$

$$Subject\ to \quad \begin{cases} e_0^i = c_0^i + s^i \\ e_1^i + (1+r)s^i = c_1^i \end{cases}$$

と修正します．あとは問題どおりの設定としますと，各消費者の貸出および借入額は，

$$((d^a)^*, (s^b)^*) = \left(\frac{2}{1+\delta} \left(\frac{2}{1+r} - \delta \right), \frac{2}{1+\delta} \left(2\delta - \frac{1}{1+r} \right) \right)$$

と計算できます[8]. ここから競争的金融市場の均衡条件,

$$(d^a)^* - (s^b)^* = \frac{6}{1+\delta} \left(\frac{1}{1+r} - \delta \right) = 0$$

より，均衡利子率は $r^* = 1/\delta - 1 > 0$ と正値で与えられます[9].

このケースでは現在の効用を重視する消費者が前提となっています. このとき時点0の資源の賦存量の少ない消費者 a は b に融資を申し込むでしょう. しかし消費者 b も時点0の消費を重視したいので，利子率ゼロで a に貸し付けるわけにはいきません. 貸付によって減少した消費を時点1で補填するにはより多くの資源の返済を要求するのが自然だからです（消費者 b の時点1の資源の賦存量が少ないのも一因）. しかし消費者 a にすれば時点1でのコーンの賦存量は豊富にあるので，b の要求に応じることは可能です. こうして正の利子率が成立するのです.

3. 2. 人口分布

例題3では2人しかいない純粋交換経済を考えてきましたが，一般に N 人いる状況ではどうなるのでしょうか. 次にこのことについて考えて見ましょう.

全ての消費者の効用関数は問題文で与えられているものとします. そして N 人のうち ϕ の割合が消費者 a （以下タイプ a）に該当する資源賦存状況，残りが消費者 b （以下タイプ b）の資源賦存状況にあるとします. このもとで各タイプは(10-6)式に該当する借入および貸付を行います. よって競争的金融市場の均衡は(10-6)式より，

$$\phi N d^a - (1-\phi) N s^b = \left\{ \frac{1+\phi}{1+r} - (2-\phi) \right\} N = 0$$

と書けますから，ここから均衡利子率は，

---

8) ただしこの場合, $1/2\delta - 1 < r < 2/\delta - 1$ を満たす利子率を念頭におきます.
9) このときの競争均衡配分は,
$$(c_0^a)^* = (c_1^a)^* = 2(1+2\delta)/(1+\delta)$$
$$(c_0^b)^* = (c_1^b)^* = 2(2+\delta)/(1+\delta)$$
でそれぞれ与えられ，各消費者の消費が平準化されていることが分かります.

$$r^* = \frac{2\phi - 1}{2 - \phi} \qquad (10\text{-}7)$$

¹⁰⁾

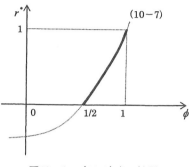

と求められます．(10-7)式を ϕ の関数として図示したものが図10-2です．これを見ると利子率が正値をとるのは $\phi > 1/2$，つまり経済の過半数がタイプ a で占められている場合です．この結論は，利子率が正値をとるのが（潜在的な）資金提供量に比べて（潜在的な）資金需要量の方が多いケースだということが理解できます．

図10-2　（10-7)式の性質

> [!NOTE] 練習問題

問題1

例題3と同じ純粋交換経済を考える．ただし個人 $i(=a, b)$ の生涯効用は，

$$u^a[c_0^a, c_1^a] = c_0^a + c_1^a$$

$$u^b[c_0^b, c_1^b] = \log c_0^b + \log c_1^b$$

であり，各個人のコーンの保有量ベクトルは，

$$(e_0^a, e_1^a) = (3, 5)$$

$$(e_0^b, e_1^b) = (2, 6)$$

であるとする．ここでも第0期首において各個人が保有する金融資産はゼロとし，（予算式が満たされる限りにおいて）自由にコーンの貸し借りのできる競争的な金融市場が存在するものとする．このときの競争均衡配分 $((c_0^i)^*,$ $(c_1^i)^*)$ と均衡利子率 r^* を求めなさい．

〔H17年度　京都大学〕

(Hint) 2個人が直接交渉で財の交換を行う状況を想定し，その移転量から

---

10)　$\phi > 1/2$ としてこのときの競争均衡配分は，

$$((c_0^a)^*, (c_1^a)^*) = ((5-\phi)/(1+\phi), (5-\phi)/(2-\phi))$$

$$((c_0^b)^*, (c_1^b)^*) = ((4+\phi)/(1+\phi), (4+\phi)/(2-\phi))$$

でそれぞれ与えられ，このケースでは各個人の消費が平準化されず，正の均衡利子率が成立する状況で時点1の消費にウェイトをおいた配分になることが分かります．

利子率を判断してください.

問題2

　ジパングは,資本移動が完全な世界にある小国である.ジパングの生産手段は唯一,毎期ごとに収穫できるリンゴであるが,今期のリンゴを消費せず貯蔵したとしても腐ってしまうので,来期には持ち越せないとする.したがってジパングには投資は存在せず,貯蓄は外国に対するリンゴの貸付という形で行われる.以下では2期間モデルで,ジパングの経常収支の決定について論ずる.ジパングでは今期 Y_1,来期 Y_2 のリンゴが収穫できるものとし,世界利子率が r^*,またジパングの効用関数が,

$$U = \log C_1 + \delta \log C_2$$

で与えられるものとする.ただし $\delta(\equiv 1/(1+\beta))$ は1以下の正の主観的割引要因(β は主観的割引率)である.

① 効用最大化問題を解いて,最適な異時点間の資源配分の下での C_1, C_2 の関係式(オイラー方程式)を求めよ.その上で,世界利子率 r^* と割引率 β の変化によって,C_1, C_2 の関係がどのように変化するかを検討せよ.

② $Y_2 = (1+g)Y_1$ であるものとする.r^*, β, g がどのような関係にあるとき,ジパングの今期の経常収支が黒字／赤字になるかを検討せよ.

〔H14年度　一橋大学(抜粋)〕

問題3

　金融市場は,その参加者たちに資源とリスクの効率的な異時点間配分の機会を与えている.本問はこうした金融市場の機能に関する問題である.

　ここで各消費者は2期間生存し,第1期に c_1 単位の財を,第2期に c_2 単位の財を消費し,以下の生涯効用を得る.

$$u = \log c_1 + \log c_2$$

なおこの経済には1種類の財しか存在しない.いずれの消費者も他の消費者に財を贈与するインセンティブはない.また想定されている経済は純粋交換経済である.すなわち取引されている財は保存不可能であって,財を次期に持ち越すことができない.

　以下の問いに答えなさい.

①　消費者 A, B という 2 人の消費者が存在するケースを考えてみよう．消費者 A は所得として，第 1 期に e 単位，第 2 期に $e+d$ 単位の財を得る（ただし $e>d>0$ とする）．一方消費者 B は第 1 期に $e+d$ 単位，第 2 期に e 単位の財を所得として得る．この場合に，消費者 A, B の間には第 1 期においてどのような金融取引が行われるか．またこのときの利子率を求めなさい．

②　再び消費者 A, B という 2 人の消費者が存在するケースを考えてみよう．消費者 A, B とも，第 1 期に e 単位の財を所得として得る．他方第 2 期の所得はある確率に応じて下の表のようになっている．この場合，消費者 A, B の間には第 1 期においてどのような金融取引が行われるか．またこのときの利子率を求めなさい．

	消費者A	消費者B
確率 1/2	$e+d$	$e-d$
確率 1/2	$e-d$	$e+d$

〔H14年度　一橋大学（改題）〕

財政政策再論

　第 6 章および第 8 章から見えてくることは，財政政策による有効需要の刺激が利子率や物価水準の上昇を必ず招き，乗数効果が十分発揮されないことでした．この理由を別な観点から見ると，以下のようになるでしょう．

　財政政策の実施には国会の議決が必要だから，決定と実施には時間差がある．その間財政政策実施の情報はマスコミ等で国民に周知される．他方国民は，現状の政策の組合せ等を所与として最適化問題を通じて行動している．だから財政政策の実施が事前に情報として入手できれば，それをもとに最適化問題を解きなおして以前の行動を修正してくるだろう．すると財政政策実施時には既に国民の行動は変わっており，当初の計画が首尾よく行かなくなることが十分考えられる．つまりマクロ経済学のミクロ的基礎付けを考慮すると，政府の政策変更は事前告知による人々の行動修正によって，その効果が相殺されるということです（これがいわゆる**ルーカス批判**）．

　そこで本章では，ライフサイクル・モデルを用いて金融市場とは別の資源配分（正確には所得再分配）手段である年金システムと，第 6 章から第 8 章で見てきた財政政策の有効性について再検討してみたいと思います．

1．年金政策

例題 1

　ある個人の 2 期間にわたる効用関数が，
$$U = c_1 c_2$$
と与えられている（ただし c_1：第 1 期の消費量，c_2：第 2 期の消費量）．この個人は第 1 期に y だけの労働所得を得て，これを各期の消費に使用する

という．また市場の利子率は r_a であるという．以下の問題に答えなさい．

① この個人の2期間にわたる予算制約式を求め，効用を最大にする各期の消費および第1期から第2期に持ち越す所得（＝貯蓄）を求めなさい．

② 積立方式による公的年金が導入されるとしよう．第1期に t の保険料が強制徴収され，この個人にとっての年金収益率は r_b（ただし $r_a < r_b$）であるという．この個人の2期間にわたる予算制約式を示しなさい．

③ 各期の消費および個人貯蓄はどのように変化するか．

〔H13年度　龍谷大学（改題）〕

① 残す所得を a とおくと，第1期の予算制約は $y = c_1 + a$ で与えられます．そして第2期では残した所得が金融市場で運用され，その元利合計で同期の消費が行われますから，予算制約は $(1+r_a)a = c_2$ で与えられます．よってこの消費者の通時的予算制約は，

$$y = c_1 + \frac{c_2}{1+r_a} \tag{11-1}$$

と導出できます．これをもとに最適化問題を解きます．

Maximize　$U = c_1 c_2$

Subject to　(11-1)

これまでと同じ手順を踏めば，各期の最適な消費の組合せは，

$$(c_1^*, c_2^*) = \left(\frac{y}{2}, \frac{(1+r_a)y}{2} \right) \tag{11-2a}$$

そして貯蓄は，

$$a^* = \frac{y}{2} \tag{11-2b}$$

と計算できます．

② **積立方式**による年金システムが導入されるケースが考えられています．この制度は現時点で徴収した年金保険料を金融市場で運用し，そこで得た成果

1）　これに対して**賦課方式**の年金システムは，現在老年でない者（つまりライフサイクルの第1期に属する消費者）から徴収した保険料がそのまま老年世代（つまりライフ

を将来年金保険金として給付するものです。[1] 一見すると自分で資産運用するのと同じ印象を持ちます（この見識は正しい）が，この問題のミソは保険料が強制徴収されることと，その運用によって市場利子率よりも高い収益をもたらすことです。

　以上を念頭においてこのケースにおける通時的予算制約を確定します。第1期では所得から強制徴収された保険料 t を控除した残額で消費と貯蓄が行われますから，予算制約は $y-t=c_1+a$ となります。第2期では自ら行った資産運用の元利と年金給付（＝強制徴収された保険料の元利）の総計で消費が行われますから，$(1+r_a)a+(1+r_b)t=c_2$ が予算制約です。これらより答えは次式で与えられます。

$$y+\frac{r_b-r_a}{1+r_a}t=c_1+\frac{c_2}{1+r_a} \tag{11-3}$$

③　(11-3)式を制約条件とした最適化問題を解きます。

$$Maximize \quad U=c_1c_2$$
$$Subject \ to \quad (11\text{-}3)$$

求める答えは $\hat{y}\equiv y+t(r_b-r_a)/(1+r_a)$ として，

$$(c_1^{**},c_2^{**},a^{**})=\left(\frac{\hat{y}}{2},\frac{(1+r_a)\hat{y}}{2},\frac{y}{2}-\frac{t(2+r_a+r_b)}{1+r_a}\right) \tag{11-4}$$

となります。よって(11-3)式および(11-4)式の大小比較の結果が得られます。

$$c_1^{**}-c_1^*=\frac{t(r_b-r_a)}{2(1+r_a)}>0$$

$$c_2^{**}-c_2^*=\frac{t(r_b-r_a)}{2}>0$$

$$a^{**}-a^*=-\frac{t(2+r_a+r_b)}{2(1+r_a)}<0$$

政府が強制徴収した保険料を消費者が金融市場で運用するよりも確実に高い収益で運用できる限り，[2] 各期の消費量は年金システムの導入で増大し，資産は

　サイクルの第2期に属する消費者）の年金保険金として給付され，現在保険料を払っている世代は将来世代から徴収される保険料から年金給付を受けます。これから分かる通り，この方式が持続可能であるのは，年金給付を受ける世代の人数（および1人当たり給付額）が保険料を徴収される世代の人数（および1人当たりの保険料）よりも少ない状況でなければなりません。詳細は練習問題1を見てください。

2)　もちろん現実にはそう首尾よく行くものではなく，$r_a>r_b$ となる場合も十分ありえます。このとき各期の消費量は年金システムの導入で確実に減少します。

r_a と r_b の差に関係なく減少します．

2．リカードの等価命題

例題2

　代表的家計が若年期に働き，実質所得 w を得て，退職してからは労働所得がゼロの生涯を送るライフサイクル・モデルを考える．若年期の実質消費を c_1，退職してからの実質消費を c_2 とする．この家計の生涯にわたる効用関数 U は，

$$U = c_1^{1/2} c_2^{1/2}$$

である．退職後の消費は若年期に購入した金融資産 a からの元利によってまかなわれ，家計は一切遺産を残さないと仮定する．また金融市場における利子率は r である．

　今財政当局は今期の財政支出 G を賄うために，以下の2通りのプランを考えている．

・プランⅠ：今期の若年世代から税金 T_1 だけで財政支出を賄う．

・プランⅡ：今期の若年世代に国債 B を売却し，それで財政支出を賄う．来期になって退職世代への税金 T_2 によって国債の元利合計の償還を行う．

国債の利子率は他の金融資産のそれ（r）に等しいと仮定する．このとき，計算過程がわかるように以下の問いに答えなさい．

① 財政支出がない場合に，実質所得 w および実質利子率 r を所与として家計が効用を最大化する結果，若年期の消費 c_1，退職期の消費 c_2 および金融資産 a はそれぞれいくらになるか．

② 財政支出がある場合，プランⅠのケースの政府の予算制約式，プランⅡの予算制約式をそれぞれ毎期ごとに答えよ．

③ プランⅠのケースにおける若年期の消費 c_1，退職期の消費 c_2 および金融資産 a はそれぞれいくらになるか．

④ プランⅡのケースにおける若年期の消費 c_1，退職期の消費 c_2 および金融資産 a（国債保有は除く）はそれぞれいくらになるか．

⑤　政府の予算制約を考慮して，③と④の結果を比較せよ．

〔H13年度　上智大学（改題）〕

①　問題の構造は例題１の①と同一ですから，

$$Maximize \quad U = c_1^{1/2} c_2^{1/2}$$

$$Subject \ to \quad w = c_1 + \frac{c_2}{1+r}$$

を解きます．ここから答えは，

$$(c_1^0, c_2^0, a^0) = \left(\frac{w}{2}, \frac{(1+r)\,w}{2}, \frac{w}{2} \right) \tag{11-5}$$

と計算できます．

②　今期を家計のライフサイクルの若年期とします．するとプランⅠにおける政府の予算制約は問題文より $G = T_1$，そしてプランⅡにおける政府の予算制約は若年期では $G = B$，退職期では $(1+r)B = T_2$ でそれぞれ与えられます．

なお後の問題のために次の仮定と記号を追加します．この経済に N 人の家計が存在しており，１人当たりの税負担を $t_i (\equiv T_i / N, \ i = 1, 2)$，１人当たり公債保有高を $b (\equiv B/N)$，そして１人当たりの財政支出を $g (\equiv G/N)$ とします．

③　プランⅠでは若年世代に属する各消費者から t_1 だけ徴税するので，この期の予算制約のみが $y - t_1 = c_1 + a$ に修正されます．よって通時的予算制約は，

$$w - t_1 = c_1 + \frac{c_2}{1+r} \tag{11-6}$$

で与えられます．これを制約条件にして家計の最適化問題を解きます．

$$Maximize \quad U = c_1^{1/2} c_2^{1/2}$$

$$Subject \ to \quad (11\text{-}6)$$

各変数の組合せは，

$$(c_1^I, c_2^I, a^I) = \left(\frac{w - t_1}{2}, \frac{(1+r)\,(w - t_1)}{2}, \frac{w - t_1}{2} \right) \tag{11-7}$$

と計算できます．[3)]

---

3)　ここで上添え字ⅠはプランⅠを表しています．

④　プランⅡでは，若年世代に属する各消費者に b だけの公債を（強制的に）販売した上で財政支出を行いますから，予算制約は $w=c_1+a+b$ に，退職世代に属する各消費者からの徴税 t_2 で公債の償還が行われますから，（公債の利子率が他の金融資産の利子率に一致することに注意して）予算制約は $(1+r)(a+b)-t_2=c_2$ にそれぞれ修正されます．ここから $a+b$ を消去すれば，このケースでの通時的予算制約は，

$$w-\frac{t_2}{1+r}=c_1+\frac{c_2}{1+r} \tag{11-8}$$

で与えられます．これを制約条件にした家計の最適化問題を通じて，各変数の組合せを求めます．[4]

$$Maximize \quad U=c_1^{1/2}c_2^{1/2}$$

$$Subject \ to \quad (11\text{-}8)$$

$$(c_1^{II}, c_2^{II}, a^{II})=\left(\frac{w-t_2/(1+r)}{2}, \frac{(1+r)w-t_2}{2}, \frac{w+t_2/(1+r)}{2}-b \right) \tag{11-9}$$

⑤　政府の予算制約を考慮すると，同じ財政支出規模である限り（1人当たりで評価して）$g=t_1=t_2/(1+r)=b$ ですから，(11-7)式と(11-9)式を g を使って表現すると次のようになります．

$$c_1^I=c_1^{II}=\frac{w-g}{2}$$

$$c_2^I=c_2^{II}=\frac{(1+r)(w-g)}{2}$$

$$a^I=a^{II}=\frac{w-g}{2}$$

つまり財政支出を異なる2つの財源調達プランを通じて行っても，各期の消費および（公債を除く）金融資産は同じであることがわかります．この結果は第6章と異なり，若年期の消費を刺激しようと財政支出を増加させても，その財源に関係なく同じ効果（消費量は確実に減少する）をもたらします．このことを**リカードの等価命題**といいます．

---

4)　上添え字ⅡはプランⅡを表しています．

例題 3

　代表的家計と政府が存在し，「現在」と「将来」の 2 期間からなる経済を考える．代表的家計は以下の生涯効用を最大にするように，各期の消費を決定する．

$$\log c_1 + \frac{1}{1+\rho}\log c_2$$

ここで c_1 は「現在」の消費，c_2 は「将来」の消費，$\rho>0$ である．家計の「現在」の勤労所得は y_1，「将来」の勤労所得は y_2 で，外生的に決まっている．

　政府は「現在」に g_1，「将来」に g_2 の政府支出を行う．政府は，家計の勤労所得の一定割合を「現在」の税率 τ_1，「将来」の税率 τ_2 で，税として徴収する．すなわち「現在」の税収は $\tau_1 y_1$，「将来」の税収は $\tau_2 y_2$ である．

　以下では「現在」に財政赤字が発生する場合を考える．政府は財政赤字を賄うために，国債を発行して家計から財源を調達することができる．国債は「将来」に利子支払とともに償還される．国債の利子率は外生的に r で一定である．

　この経済の金融資産は国債のみであるとする．また利子所得税は課税されないとする．さらに，家計および政府は「現在」のはじめには資産も負債も保有しておらず，「将来」の終わりには資産も負債も残さないとする．

① 「現在」と「将来」の 2 期間を通じた家計の通時的予算制約式を示しなさい．

② 「現在」と「将来」の 2 期間を通じた政府の通時的予算制約式を示しなさい．

③ 家計の消費 c_1 と c_2 はどのような水準に決まるか．

④ 政府が②を満たしながら，政府支出 g_1, g_2 の水準を変えないで，「現在」の税率 τ_1 を限界的に引き下げ，それに応じて「将来」の税率 τ_2 を変化させる政策を行ったとする．このとき家計の消費 c_1 と c_2 はどのように変化するか．

〔H19 年度　京都大学（抜粋）〕

①　この例題で存在する金融資産が公債のみであるという前提から，これを b とします．あとはこれまで通りの手法で答えを出します．

$$(1-\tau_1)y_1 + \frac{(1-\tau_2)y_2}{1+r} = c_1 + \frac{c_2}{1+r} \tag{11-10}$$

②　「現在」において財政赤字が発生しており，それを補填するために公債を発行します．よって「現在」の政府が直面する予算制約は $\tau_1 y_1 + b = g_1$ となります．他方「将来」は税収のみで政府支出と公債の償還を行わなければならず（∵問題文より，「将来」時点から先に公債を持ち越せない），このとき「将来」における政府の予算制約は $\tau_2 y_2 = g_2 + (1+r)b$ となります．ゆえに求める答えは，2つの予算制約から b を消去した，

$$\tau_1 y_1 + \frac{\tau_2 y_2}{1+r} = g_1 + \frac{g_2}{1+r} \tag{11-11}$$

となります．政府の通時的予算制約式も消費者の場合と同様，(11-11)式左辺の計画期間（「現在」と「将来」の2期間）を通じた税収の割引現在価値と，右辺の政府支出の割引現在価値とが等しくなければなりません．

③　これまでと同様の手続で答えを出します．

$$Maximize \quad \log c_1 + \frac{1}{1+\rho}\log c_2$$

$$Subject\ to \quad (11\text{-}10)$$

$$(c_1^*, c_2^*) = \left(\frac{1+\rho}{2+\rho}\hat{y}, \frac{1+r}{2+\rho}\hat{y} \right) \tag{11-12}$$

ここで $\hat{y} \equiv (1-\tau_1)y_1 + \frac{1-\tau_2}{1+r}y_2$ です[5]．

④　(11-11)式を満足するように τ_i $(i=1,2)$ を動かしたときに，(11-12)式がどう変化するかを求める問題です．そこで(11-11)式を τ_i, g_i で全微分します（ただし問題文の前提より，τ_i, g_i の変化で y_i は変化しないものとします）．

$$y_1 d\tau_1 + \frac{y_2}{1+r}d\tau_2 = dg_1 + \frac{1}{1+r}dg_2$$

5）　消費者が保有する公債は(11-12)式の c_1^* を「現在」の消費者の予算制約に代入して，
$$b^* = (1-\tau_1)y_1/(2+\rho) - (1+\rho)(1-\tau_2)y_2/(2+\rho)(1+r)$$
となります．

問題文にしたがって g_i が不変 $(dg_1=dg_2=0)$ とすると，上式は $y_1d\tau_1+\dfrac{y_2}{1+r}d\tau_2$ $=0$ となります．このことを考慮して(11-12)式を τ_i で全微分すると，

$$(dc_1^*, dc_2^*) = \left(-\frac{1+\rho}{2+\rho}\left(y_1d\tau_1+\frac{y_2}{1+r}d\tau_2\right),\right.$$
$$\left.-\frac{1+r}{2+\rho}\left(y_1d\tau_1+\frac{y_2}{1+r}d\tau_2\right)\right)=(0,0)$$

となり，各期の消費量は不変となります．

これは，「現在」において減税政策を行ったら（少なくとも）「現在」の消費が刺激されるかという問いを投げかけています．各期の政府支出が不変のもとで「現在」の税率を引き下げることは，「現在」の公債発行を増加させることと同値ですが，「将来」では新規の公債発行ができないため，増加した公債を償還するために「将来」で増税せざるを得ません．つまり消費者には，「現在」の減税が「将来」の増税を必ず引き起こすとしか映りません．だから消費者は「現在」の減税によって増えた所得をすべて公債購入に充て，「将来」受け取る公債の償還額で増税に対応することで，各期の消費を不変に保とうとするのです[6]．

3．世代重複モデルでの再検討

例題2および例題3において，財政支出（ないしは減税）の国民負担をライ

---

6) この例題において，第6章のように「現在」の消費を刺激する目的で「現在」の政府支出を増大させても，例題2と同じ結論を導くことができます．

「現在」の財政支出を dg_1 だけ増加させるに当たって，例題2のプランIのように「現在」の税率を上昇させたとします．これは $dg_1=y_1d\tau_1$ という関係が成立します．このとき(11-12)式を全微分した式にこの関係式を代入すると，

$$(dc_1^*, dc_2^*) = \left(-\frac{1+\rho}{2+\rho}dg_1, -\frac{1+r}{2+\rho}dg_1\right)$$

となり，各期の消費量は減少し，第6章から第8章の結論とは真逆の結果になります．

他方例題2のプラン2のように，「現在」において公債を発行して「将来」の増税を通じてこれを償還するとします．この場合 $dg_1=\dfrac{y_2}{1+r}d\tau_2$ という関係が成立します．このとき各期の消費量の変化の組合せは，

$$(dc_1^*, dc_2^*) = \left(-\frac{1+\rho}{2+\rho}dg_1, -\frac{1+r}{2+\rho}dg_1\right)$$

であり，両者は同じ効果をもたらすことが分かります．

フサイクルの早い段階で負担するのか遅い段階で負担するのかの相違はありますが，負担すること自体に変わりありません．リカードの等価命題とは，ある時点における財政支出（ないしは減税）の全負担をその恩恵を享受する主体に全て負担させる限りにおいて，負担させる時期，言い換えると（見かけ上の）財源の違いは経済に与える影響に差異がないことを表しています[7]．

　ならば政府が過去に発行した公債の償還を新規の公債発行で行い，最終的な税負担を際限なく引き延ばすことができたとしても，リカードの等価命題は成立するのでしょうか？この点について，例題2の基本設定に（第9章でみた）世代重複モデルに拡張して再検討してみます．そのために，改めて以下の記号を定義します．

c_t^y：時点 t に存在する若年世代1人当たり消費　c_t^o：時点 t に存在する老年世代1人当たり消費　a_t：時点 t に存在する若年世代1人が保有する金融資産　b_t：時点 t に存在する若年世代1人が保有する公債　τ：若年世代1人当たり税金　w_t：時点 t の賃金　R_t：時点 t の1プラス実質利子率　$k_t (\equiv K_t/N_t)$：時点 t の**資本労働比率**　N_t：時点 t の若年世代人口　g：時点 t に存在する若年世代1人当たり財政支出（一定）　n：人口成長率（一定）

　例題2との比較を容易にするため，(1) すべての消費の効用関数が例題2で与えられ，彼らはライフサイクルの若年世代のみ働く，(2) 時点0に政府が g だけの財政支出を行うが時点1以降は行わない，という状況を考えます．これに対する財源として，次の2つのプランを考えます．

・プランI：時点0に存在する若年世代からの徴税のみで賄う．
・プランII：時点0に存在する若年世代1人当たり b_0 の公債を発行する．その償還は時点1に存在する若年世代1人当たり b_1 の公債発行をもとに行い，以降の時点において同じ行動をとる．

---

7) さらに言うと，将来のいずれかの時点において必ず増税されることがわかっていると，この命題は現時点での公債残高の多寡が全く問題にならないことも表しています．ただしこの主張が妥当するのは，発行済公債のほぼすべてが発行国の国民に保有されている場合に限ります．

3. 1. プランⅠのケース

このケースでは時点 0 に若年世代である消費者は例題 2 の③，時点 1 以降に若年世代である消費者は例題 2 の①に該当します．よってこのケースでの資産は(11-5)式および(11-7)式をここでの記号に該当させて，次のように表せます．

$$a_t^I = \begin{cases} (w_t - \tau)/2 & if \quad t=0 \\ w_t/2 & if \quad t=1, \cdots \end{cases} \tag{11-13}$$

次に例題 2 にはなかった生産者行動に注目します．ただしここで考える生産者行動の基本は第 8 章例題 2 にしたがうものとします．その総生産量はコブ＝ダグラス型生産関数，

$$Y_t = AK_t^{\alpha} N_t^{1-\alpha}$$

（Y_t：時点 t の総生産量，K_t：時点 t の総資本ストック，A：生産性パラメータ，α：資本分配率（$0 < \alpha < 1$））で示されるものとします[8]．そして生産物が完全競争市場で取引されているとし，さらに生産物価格を 1 で正規化します．この代表的生産者の目的関数 v_t は，売上（Y_t）から賃金費用（$w_t N_t$）および資本ストックの利用に伴って発生する費用（$R_t K_t$）を控除して定義されます．

$$Maximize \quad v_t = AK_t^{\alpha} N_t^{1-\alpha} - w_t N_t - R_t K_t$$

よってこの問題の一階の条件は以下の 2 式で与えられます．

$$\alpha A k_t^{\alpha - 1} = R_t \tag{11-14a}$$

$$(1 - \alpha) A k_t^{\alpha} = w_t \tag{11-14b}$$

(11-14b)式の意味は(8-4)式と同じです．これを対応させると(11-14a)式左辺は生産関数を K_t で偏微分した**資本の限界生産力**であり，これと右辺の 1 プラス利子率が最大利潤を実現しているもとで等しくならなければなりません．

以上の準備作業のもと財市場の均衡について考えますが，その前に消費者が取得する公債以外の資産の行方について考えます．彼らが資産を購入することは金融市場で有価証券を発行する生産者に資金が流入することを意味します．

8）これは第 2 章例題 8 で見た 1 次同次関数の具体的関数形になっています．また資本分配率とは p を生産物価格として，売上（pY）がどの程度資本（＝資金）提供者への報酬（RK）として分配されるのかを表す指標で，ここではそれが時間を通じて一定であると仮定しています．他方，売上からどの程度労働者への報酬（wN）として分配されるのかを示すのが労働分配率です．なお 1 次同次関数の場合，資本分配率と労働分配率の和は 1 になります．

資金を受け取った生産者は事業運営のために利用しますが，ここでは生産設備（＝資本ストック）の更新のために利用するとします．ここで単純化のため，資本ストックの耐用年数は1期間だけとします[9]．すると任意の時点 t において総量表示で一般的に $a_{t-1}N_{t-1}=K_t$ という関係が成立します．

これでようやく話が前に進みます．任意の時点において生産総量は，各世代の総消費，投資（ここでは次期に利用される資本ストック）および財政支出に配分されます．これは先に定義した記号を用いて，$Y_t=c_t^y N_t+c_t^o N_{t-1}+K_{t+1}+gN_t$ と書くことができます．この式にプランⅠに即した時点 t に存在する各世代の予算制約を代入して整理します．

$$Y_t=(w_t N_t+R_t a_{t-1}^l N_{t-1})+(-\tau N_t+gN_t)+(K_{t+1}-a_t^l N_t)$$

ここで右辺第1項の（ ）は，$a_{t-1}^l N_{t-1}=K_t$ と(11-14)式を代入すれば Y_t に一致します．第2項の（ ）内はプライマリー・バランスを表し，このプランに即すとゼロになります．ゆえに右辺第3項だけが残り，これが財市場の均衡条件となります．これに(11-13)式および(11-14b)式を代入して $(N_{t+1}-N_t)/N_t=n$ に注意すると，時点0では，

$$\frac{K_1}{N_1}\frac{N_1}{N_0}=(1+n)k_1=(1-\alpha)Ak_0^{\alpha}-\frac{\tau}{2}$$

より，

$$k_1=\tilde{A}k_0^{\alpha}-\frac{\tau}{2(1+n)} \tag{11-15a}$$

そして時点1以降は $\tau=0$ のため，

$$k_{t+1}=\tilde{A}k_t^{\alpha} \tag{11-15b}$$

という k_t の1階差分方程式（第4章参照）[10]が得られ，これによって経済全体の動きが集約されることになります．

図11-1には図4-1の方法をもとに(11-15)式を描いています．ここで初期条件として k_0 を与えると，それ以降の k_t の値は次のように定まります．まず時点0において(11-15a)式にしたがって k_1 が決まり，図の実線の矢印にした

9）　もちろんこれも単純化のためにおかれるもので，この仮定をはずしても話の本質は変わりません．なお資本ストックの廃棄に当たっては費用がかからないものとします．
10）　ただし $\tilde{A}\equiv(1-\alpha)A/2(1+n)$ です．

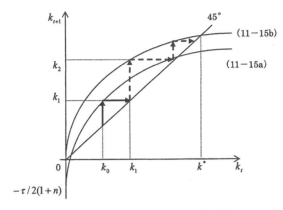

図11−1　プランⅠでの k_t の時間経路

がって動きます．ところが時点 1 以降は(11-15b)式にしたがって k_t が決まるので，図の点線の矢印にしたがって進みます．そうすると早晩(11-15b)式と45°線の交点，すなわち定常状態 $(k_t = k_{t+1})$ に到達します．そしてそれ以降 k_t は(11-15b)式より $k_t = \tilde{A}^{1/(1-\alpha)} \equiv k^*$ で不変になります．

3. 2. プランⅡのケース

　このケースは例題 2 の④において税金を徴収しないケースに該当します．よってこのケースでの公債を除く資産は(11-9)式にここの記号を当てはめて，

$$a_t^{II} = \frac{w_t}{2} - b_t \tag{11-16}$$

で与えられます．政府の予算制約式については，時点 0 については $b_0 = g$，そして時点 1 以降の任意の時点 t については，償還するべき公債残高 $R_t b_{t-1} N_{t-1}$ を新規の公債 $b_t N_t$ の発行でまかなうので，

$$b_t N_t = R_t b_{t-1} N_{t-1} \tag{11-17}$$

を満たします．ここから前項と同じ手続を踏むことで $a_t^{II} = (1+n) k_{t+1}$ が得られ，これに(11-14b)式および(11-16)式を代入することで

$$k_{t+1} = \tilde{A} k_t^q - \frac{b_t}{1+n} \tag{11-18a}$$

そして(11-14a)式と(11-17)式から，

$$b_{t+1} = \frac{\alpha A}{1+n} k_{t+1}^{\alpha-1} b_t \qquad (11\text{-}18\text{b})$$

となり，このケースでは k_t, b_t に関する連立差分方程式（第4章参照）で経済の動きが集約されることになります．

そこで第4章の手法にしたがって連立差分方程式の位相図を作ります．その最初のステップとして，(k_t, b_t) が動かない状況を個別に考えます．まず(11-18a)式から k_t がどう動くのかを確定します．

$$k_{t+1} - k_t \equiv \Delta k_t \gtreqless 0 \Leftrightarrow \tilde{A} k_t^{\alpha} - k_t - \frac{b_t}{1+n} \gtreqless 0$$

$$\Leftrightarrow b_t \lesseqgtr (1+n)(\tilde{A} k_t^{\alpha} - k_t) \quad (複号同順) \qquad (11\text{-}19\text{a})$$

(11-19a)式は $\Delta k_t = 0$ を満たす位相線よりも上（下）に (k_t, b_t) の組合せがあれば，b_t が一定の下で k_t が減少（上昇）することを表します．次に(11-14a)式，(11-17)式および(11-18a)式から，b_t がどう動くのかを確定します．

$$b_{t+1} - b_t \equiv \Delta b_t \gtreqless 0 \Leftrightarrow k_{t+1} \lesseqgtr \left(\frac{\alpha A}{1+n}\right)^{1/(1-\alpha)} \equiv \bar{k}$$

$$\Leftrightarrow b_t \gtreqless (1+n)(\tilde{A} k_t^{\alpha} - \bar{k}) \quad (複号同順) \qquad (11\text{-}19\text{b})$$

(11-19b)式も(11-19a)式と同様に，$\Delta b_t = 0$ の位相線よりも上（下）に (k_t, b_t) の組合せがあれば，k_t が一定の下で b_t が上昇（減少）することを表しています．

2つの位相線を1つの図に集約したものが図11-2です．[11] この図から，(11-19)式を境界にして分析対象となる第1象限が4つに区分され，〈領域A〉では北東，〈領域B〉では北西，〈領域C〉では南東，

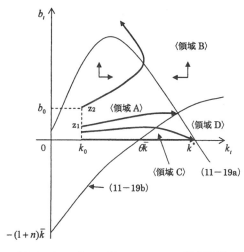

図11-2　プランⅡでの k_t, b_t の時間経路

そして〈領域D〉では南西それぞれの方向に (k_t, b_t) の運動が（大雑把に）決定されます.

　ここで初期条件 k_0 が与えられたとして，政府が g すなわち b_0 を制御する問題を考えます. この図から次のことが分かります. もし $b_0=0$ ならば，（仮定から）すべての時点において $b_t=0$ が成立します. これは k_t の動きが(11-15b)式と同じになり，図にあるように横軸に沿って k_t が進み，最終的にはプランⅠと同じ結果をもたらします.

　ところが $g=b_0>0$ ならば，b_0 のとり方で全く異なる動きを示します. たとえば図の z_1 点に対応する b_0 より小さく公債発行すれば，〈領域A〉から〈領域D〉へ横断するように (k_t, b_t) の組み合わせが動き，最終的には $(k_t, b_t)=(k^*, 0)$，すなわちプランⅠと同じ結果をもたらします. 次に z_1 点に対応する b_0 を発行すれば，(k_t, b_t) の組み合わせは〈領域A〉内をスムーズに進み，(11-19)式の交点に到達します. これはプランⅠとは異なる状況ですが，(k_t, b_t) が有限値にとどまるため，経済そのものは持続可能です. 最後にたとえば図の z_2 点で制御すると，最初のうちは (k_t, b_t) とも増加する経路をたどりますが，それが(11-19a)式を超えると，k_t は減少していくのに b_t が増加する経路をたどってしまいます. つまり，（究極的には）b_t が鼠算式に増えていくのに生産に必要な資本ストックが形成されない，言い換えると経済が破綻してしまうということです.

　以上の結果から，財政支出の財源を公債発行で賄いその償還を税金で調達せず公債の借り換えで行う，つまり本来負担するべき税負担を永続的に引き延ばすと，時点 0 における公債発行の水準如何で，税金で調達する場合と全く異なる結果をもたらします. ここからリカードの等価命題が（単純には）成立しないことが明らかとなります.[12]

---

①　とで，$k_t=(\alpha\tilde{A})^{1/(1-\alpha)}=(\alpha)^{1/(1-\alpha)}k^*$ と計算できます.
②　(11-19b)式と横軸との交点は，$k_t=(2\alpha/(1-\alpha))^{1/\alpha}(\alpha A/(1+n))^{1/(1-\alpha)}\equiv\theta\bar{k}$ です.
③　この図では $\theta\bar{k}<k^*$ のケースを描いています. これが成立するためには $\alpha<1/3$ でなければなりません.

練習問題

問題 1

　ある個人の 2 期間にわたる効用関数が $U=\sqrt{c_1 c_2}$ で示される．この個人は第 1 期に労働所得 w を得て，それを第 1 期と第 2 期の消費に使用すると仮定する．なお市場利子率は r とする．以下の問題に答えなさい．

① 　この個人の 2 期間にわたる予算制約を示し，第 1 期と第 2 期の消費を求めなさい．

② 　年金保険料 B で，年金収益率が r の積立方式の公的年金が導入された場合に，第 1 期と第 2 期の消費はどうなるか．

③ 　第 1 期を個人の若年期，第 2 期を個人の老年期とする．ある時点で若年期に属する個人から，所得の一定割合 τ を年金保険料 B を徴収して，同じ時点で老年期に属する個人に年金保険金を支給する賦課方式の公的年金が導入されたとする．このとき個人の第 1 期と第 2 期の消費はどのようになるか．

④ 　人口成長率を n，経済成長率を g として，③における年金収益率を計算しなさい．

〔H13年度　龍谷大学（改題）〕

問題 2

　若年期，老年期からなるライフサイクル・モデルを考える．家計は若年期に働いて実質所得 y を得，消費 c_1 を行う．退職してからの老年期には，若年期からの貯蓄 s を取り崩して消費 c_2 に充てる．貯蓄対象として，実質利子率が r の債券がある．家計の効用 U は，以下のコブ＝ダグラス型の関数形を取る．

$$U = c_1^{0.7} c_2^{0.3}$$

---

12)　各消費者が将来世代のことを気にかけている，ここの例に即せば，

$$U_t = (c_t^y)^{1/2}(c_{t+1}^o)^{1/2} + \phi U_{t+1}$$

という効用関数を持ち（ここで ϕ は将来世代をどの程度気にかけているかを表すパラメータ），彼らが将来世代のために遺産を残すような行動をとるとき，財政支出の財源方法の違いで時間経路が変わらないことが証明されています．これを提唱者の名前を取って**バローの中立性命題**といいます．

① 家計の効用最大化の結果，若年期の消費 c_1，老年期の消費 c_2，若年期から老年期に残す貯蓄 s がどのようになるか計算せよ．

② 家計の「生涯にわたる」貯蓄の現在価値はいくらになるか．

③ 政府が第 1 期の財政支出 g を第 1 期の租税 T で賄うケースと，第 1 期の国債発行 $B = (1/2)g$ と租税 $T' = (1/2)g$ で賄うケースを比較する．2 つのケースにおいて「リカードの中立命題」が成立することを示せ．

〔H16年度　上智大学（改題）〕

第 12 章

経済成長理論の基礎

　マクロ経済学を締めくくるに当たって，**ソロー・モデル**を中心とした経済成長理論の基本について解説して行きます．

　ハロッドが1939年に出した論文において，資本主義経済は本質的に不安定な属性を持っていることが示されました．この研究を土台にして，ソローは1956年に出した論文で資本主義経済は安定的に推移するという，ハロッドと著しく異なる結論を導出しました．これ以降経済成長理論は，第9章以降でみた最適化問題を通じてソロー・モデルと同じ結論を導く**ラムゼイ・モデル**を基本的枠組として，1980年代以降主流となる内生的成長理論につながっていきます．その意味で本章において解説するソロー・モデルは，今の経済成長理論を語る上での起点となる話になります．

　ところで経済成長において時間間隔をどう考えるのか，これは（直感レベルで）結構重要な問題です．これには2つの考え方があります．第1に，人間の時間認識に則して認識可能な時間間隔を1で正規化する**離散時間**，第2に，実数の連続性のごとく時間もどこまでも分割可能とする**連続時間**があります．この時間間隔に対する考え方で手法が変わってくるので注意が必要です．

1．差分方程式による記述

　まずここでは離散時間にもとづくソロー・モデルを見ていくことにします．そのために第4章の差分方程式が利用されます．

　経済成長理論に関する問題において，解く際に必要な諸式が全て列挙されていない場合が多いので，最初に必要な諸式を追加しておきます．

$$Y_t = C_t + I_t \tag{12-1}$$

$$C_t = (1-s) Y_t \tag{12-2}$$

$$K_{t+1} - K_t = I_t - \delta K_t \tag{12-3}$$

$$\frac{N_{t+1} - N_t}{N_t} = n \tag{12-4}$$

(12-1)式および(12-2)式は第6章で示した支出 GDP および消費関数で，思い切った単純化がされています（s は一定の貯蓄率）．(12-3)式は資本ストック K_t の変化を記述した1階差分方程式であり，時点 t の粗投資 I_t から資本ストックの減耗分（δ は資本減耗率で一定[1]）を控除したものによって資本ストックの量的変化を表します．最後に(12-4)式は労働者数 N_t の変化率に関する定義[2]式で，労働者数は一定の成長率 n にしたがって増加すると仮定します．

以上の諸式を念頭において，例題を解いていくことにしましょう．

1. 1. 基本的性質

例題1

ソロー型成長モデルについて以下の設問に答えなさい．

（生産関数）　$Y_t = AK_t^{1/3} N_t^{2/3}$

（人口変化）　$N_{t+1}/N_t = 1 + n$

（記号）Y_t：t 期におけるある経済の総産出量　K_t：t 期におけるある経済の総資本ストック　N_t：t 期におけるある経済の総（労働）人口　A：生産性パラメータ（定数）　n：人口成長率（定数）　$s\,(\in(0,1))$：貯蓄率（定数）　$\delta\,(\in(0,1))$：資本ストックの減耗率（定数）

①　（労働者）1人当たりの資本ストック $k_t\,(\equiv K_t/N_t)$ の時間的変化を

---

1)　工場内にある設備は，使用するほどに様々な箇所が磨耗したり故障したりします．そのことを通じて設備の生産能力が落ちてしまいます．δ はその程度を表しています．

2)　通常設備投資を通じて設置された資本ストックは長期間にわたって稼動します．他方短期の生産計画は既存の設備規模を前提に立てるはずです．つまりある時点で存在する資本ストックは，その時点での生産計画に応じて規模を自在に増減できません（現実には既存設備をどの程度動かすかを示す稼働率で調整しています）．しかし長期的生産計画を視野に入れて規模を増減させることは可能です．このようにある時点で規模の制御はできないが，将来のために規模を増減させることが可能な変数のことを**状態変数**といいます．他方その時点で規模の制御が可能で，かつ将来への影響力がない変数のことを**制御変数**といいます．

表す差分方程式を導出しなさい.

② 定常状態における（労働者）1人当たり資本ストック k^*,（労働者）1人当たり産出量 y^* を求めなさい. なお $y_t \equiv Y_t/N_t$ である.

③ 経済が0期において $y_0 < y^*$ を満たすとき,（労働者）1人当たりの産出量 y_t の成長率 y_{t+1}/y_t は時間を通じてどのように変化していくか?

④ 上のモデルに労働節約型の技術進歩[3)]を導入する.

$$Y_t = K_t^{1/3}(A_t N_t)^{2/3}$$

$$\frac{A_{t+1}}{A_t} = 1 + g_A$$

（記号）A_t：t 期における技術水準　g_A：技術進歩率（一定）

このもとで実効労働力 $(A_t N_t)$ 1単位あたりの資本ストック $\tilde{k}_t (\equiv K_t/A_t N_t)$ に関する差分方程式を導出しなさい. また定常状態における実効労働力1単位あたりの資本ストック $\tilde{k}^*$, および実効労働力1単位あたりの産出量 $\tilde{y}^*$ を求めなさい. なお $g_{AN} \approx 0$ とする.

⑤ ④のモデルにおいて0時点で $\tilde{y}_0 < \tilde{y}^*$ を満たすとき, 1人当たりの産出量 y_t の成長率 y_{t+1}/y_t は時間を通じてどのように変化していくか?

〔H16年度　京都大学（抜粋）〕

① 問題の意図は資本労働比率 k_t に関する差分方程式を導出することです. それは以下の手順にしたがいます. まず(12-1)式および(12-2)式から C_t を消去して $I_t = sY_t$ という関係式を作ります. これと問題文にある生産関数を(12-3)式に代入すれば,

$$K_{t+1} - K_t = sAK_t^{1/3}N_t^{2/3} - \delta K_t$$

が得られます. 次に(12-4)式を考慮しつつ両辺を N_t で割って k_t への記号変換

---

3) K_t 一定のもとで A_t が上昇して生産拡大が実現すれば, 少々 N_t を節約しても大丈夫なはず. つまり A_t は節約した労働力を補う役割を持ち, その意味から A_t を労働節約型技術進歩とここではよんでいます. 他方 A_t の上昇を通じた生産拡大は労働量をより多く投入するのと同じ効果を持ちます. その意味で A_t のことを労働増加型技術進歩といいます（例題3参照）. 記号の捉え方で用語が異なるのはややこしい限りですが, 生産関数への挿入方法は同じ, ということは結論も同じです.

を行うと,

$$(1+n)\,k_{t+1}-k_t=sAk_t^{1/3}-\delta k_t$$

となります. さらに両辺から nk_t を引いて整理すると, 求める答えは,

$$k_{t+1}-k_t=\frac{sAk_t^{1/3}-(n+\delta)\,k_t}{1+n} \tag{12-5}$$

と導出できます.

② 第4章より, ここでの定常状態は $k_t=k_{t+1}$ となる状態をさします. このときの定常値を k^* とおくと, (12-5)式に $k_{t+1}=k_t=k^*$ を代入して,

$$k^*=\left\{\frac{sA}{n+\delta}\right\}^{3/2} \tag{12-6}$$

と計算できます.[4] そして問題文の生産関数に(12-6)式を代入すれば,

$$y^*=\left\{\frac{sA^3}{n+\delta}\right\}^{1/2} \tag{12-7}$$

と y_t の定常値を計算できます.

③ 問題文の生産関数を用いると $y_{t+1}/y_t=(k_{t+1}/k_t)^{1/3}$ であり, ここに(12-5)式を代入すれば,

$$\frac{y_{t+1}}{y_t}=\left\{\frac{sAk_t^{-2/3}+1-\delta}{1+n}\right\}^{1/3} \tag{12-8}$$

と y_{t+1}/y_t と k_t の関係式を導出できます. 問題の意図は $y_0<y^*$ を満足するときの(12-8)式の時間経路を求めることですが, これを計算によって導出するのは容易なことではありません. そこで位相図を用いて考察しますが, そのためには(12-8)式右辺, すなわち(12-5)式で k_t がどう動くかが明確でなければなりません.

(12-5)式を図示したものが図12-1の上側です. これは原点と $k_t=k^*$ で横軸と交わる逆U字型の曲線となります.[5] このもとで k_t は図4-2(a)にしたがうことが分かります. すなわち, $k^*>k_0$ を満足する初期条件から出発する経路は $k_{t+1}>k_t$ を満たし, 持続的に増加していきます. そうすると早晩 k_t は(12-6)

---

[4] もちろん $k^*=0$ も(12-5)式の定常値の1つですが, 経済学的意味がないので捨象します.

[5] この曲線の頂点に対応する横軸の値は(12-5)式を微分した値をゼロとおくことで, $k_t=3^{-3/2}k^*$ と計算することができ, 確かに $(0,k^*)$ の間に存在することが分かります.

式に到達し，それ以降不変に留まります．こうして1階差分方程式(12-5)式は，どこから出発しても必ず定常値に一様に収束することが分かります．次に(12-8)式を図示します．それが図12－1の下側に描かれており，これは縦軸と $y_{t+1}/y_t = [(1-\delta)/(1+n)]^{1/3}$ を漸近線とする右下がりの曲線で表されます．[6)]

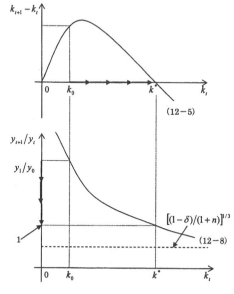

図12－1　経済成長率の動き

さて上側の図において $k_0 < k^*$ を仮定しました．これは生産関数から $y_0 < y^*$ を仮定することと同じです．この状態から出発して y_{t+1}/y_t は以下のように推移していきます．k_0 が与えられると k_t は定常値へ一様に収束します．これに対応して下側の図から y_{t+1}/y_t は y_1/y_0 から持続的に低下していきます．そして k_t が定常値に到達すると y_t も定常値で不変となるため，下側の図において $y_{t+1}/y_t = 1$ が成立します．つまり答えとしては，y_{t+1}/y_t は1より大きい初期状態からスムーズに減少し，やがては $y_{t+1}/y_t = 1$ に収束するということになります．

1．2．技術進歩の影響

時点0から出発する経済が定常状態に到達することは，到達した時点以降

---

6)　計算を通じてこれを確認しておきます．まず，

$$\frac{d(y_{t+1}/y_t)}{dk_t} = -\frac{2sA}{9k_t^{5/3}(1+n)} \left\{ \frac{sAk_t^{-2/3}+1-\delta}{1+n} \right\}^{-2/3} < 0$$

であり，$k_t > 0$ の範囲で一様減少関数であることが分かります．次に k_t の定義域の両端における極限を計算します．

$$\lim_{k_t \to 0}\left(\frac{y_{t+1}}{y_t}\right) = +\infty, \quad \lim_{k_t \to +\infty}\left(\frac{y_{t+1}}{y_t}\right) = [(1-\delta)/(1+n)]^{1/3} < 1$$

$k_t = k_{t+1}$ および $y_t = y_{t+1}$ が成立することを意味します．ということは記号を元に戻して，

$$\frac{K_{t+1}}{K_t} = \frac{Y_{t+1}}{Y_t} = \frac{N_{t+1}}{N_t} = 1+n$$

という関係が成立します．これは経済が定常状態に到達すると，それ以降のすべての経済変数（K_t, Y_t, C_t）の成長率が人口成長率のみで決定され，貯蓄率や生産性パラメータなどには一切依存しないことを意味します．このように，すべての変数が同率で成長する時間経路を**均斉成長経路**といいます．

さて経済が定常状態に接近することは，一面で経済が成熟することと同値ですから喜ばしく思えるのですが，それを経済成長率で評価すれば人口成長の影響をまともに受けることになる．だから，人口減少が本格化している日本の現状にあっては不安に感じてしまうのも無理はない．でも現状においても，経済成長率の値は（その多寡はともかくも）プラス水準で実現できている時点がほとんどです．つまり経済が成熟してもなお成長できる源泉があるはずで，それはどこにあるか？それに対する1つの解答が④以降の問題に出てくる**技術進歩**の存在です．これを念頭において残りの問題を解いていきましょう．

④　資本労働比率に関する差分方程式を実効労働力単位に変換して計算しなおす問題です．導出手順は①と同じです．(12-1)式および(12-2)式から C_t を消去したものと修正された生産関数を(12-3)式に代入します．

$$K_{t+1} - K_t = sK_t^{1/3}(A_t N_t)^{2/3} - \delta K_t$$

次に，(12-4)式と A_t の時間変化に関する定義式を考慮して両辺を $A_t N_t$ で割って記号変換を行います．その際 $g_A n \approx 0$ であることに注意すれば，

$$(1+n+g_A)\tilde{k}_{t+1} - \tilde{k}_t = s\tilde{k}_t^{1/3} - \delta \tilde{k}_t$$

とでき，両辺から $(n+g_A)\tilde{k}_t$ を引くと求める差分方程式は，

$$\tilde{k}_{t+1} - \tilde{k}_t = \frac{s\tilde{k}_t^{1/3} - (n+\delta+g_A)\tilde{k}_t}{1+n+g_A} \tag{12-9}$$

と導出できます．変数の定義や状況は違えども，(12-9)式は(12-5)式と同じ構造を持っていることが分かります．そして(12-9)式で定常状態を仮定すると，定常値の組合せは，

$$\left(\tilde{k}^{*},\ \tilde{y}^{*}\right) = \left(\left(\frac{s}{n+\delta+g_A}\right)^{3/2},\ \left(\frac{s}{n+\delta+g_A}\right)^{1/2}\right)$$

と求めることができます.

⑤　この問題の意図は, (12-9)式を使えば③の答えがどうなるかを確定することです. しかし修正された生産関数からは $\tilde{y}_{t+1}/\tilde{y}_t = (\tilde{k}_{t+1}/\tilde{k}_t)^{1/3}$ という関係式しか得られず, 一見難儀そうです. しかし $\tilde{y}_t$ と A_t の時間変化に関する定義式から,

$$\frac{Y_{t+1}/A_{t+1}N_{t+1}}{Y_t/A_tN_t} = \frac{1}{1+g_A}\frac{y_{t+1}}{y_t}$$

とできます. これを使えば, 修正された生産関数のもとで(12-8)式は,

$$\frac{y_{t+1}}{y_t} = (1+g_A)\left\{\frac{s\tilde{k}_t^{-2/3}+1-\delta}{1+n+g_A}\right\}^{1/3} \tag{12-10}$$

に修正されます.

生産関数が修正されるもとで, 図12-1は図12-2のように修正されます.

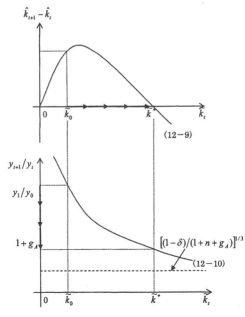

図12-2　技術進歩のあるもとでの経済成長率の動き

ここで上側は(12-9)式，下側は(12-10)式を表しており，それぞれ図12‐1と同じ形状となります．そしてこの図において $\tilde{y}_0 < \tilde{y}^*$ を満たすような $\tilde{k}_0$ を初期条件として与えます．このとき $\tilde{k}^* > \tilde{k}_0$ であり，③と同じ論理が働きます．すなわちそれ以降の $\tilde{k}_t$ は持続的に増加し，定常値に到達します．この動きに対応して y_{t+1}/y_t は1より大きい状態からスムーズに低下して行き，$\tilde{k}_t$ が定常値に到達すると，

$$\frac{y_{t+1}}{y_t} = (1+g_A)\left\{\frac{s(n+\delta+g_A)/s+1-\delta}{1+n+g_A}\right\}^{1/3} = 1+g_A$$

になり，1を超える値で一定となります．つまり（原因が外生的にせよ）技術進歩が存在する状況では，1人当たり産出量は一定の技術進歩率で毎期成長していくことを表しています．そしてこのケースでの均斉成長経路は，

$$\frac{K_{t+1}}{K_t} = \frac{Y_{t+1}}{Y_t} = 1+n+g_A$$

すなわち人口成長率プラス技術進歩率で与えられます[7]．この結論は，人口成長が停止（あるいは人口減少）した局面においても，技術進歩を通じた経済の持続的成長が可能であることを意味しています．

7）　こうして規定される成長率のことを，ハロッドは**自然成長率**といいました．
　　さて(12-10)式にある $\tilde{k}_t^{-2/3}$ ですが，

$$\tilde{k}_t^{-2/3} = K_t^{1/3}(A_t N_t)^{2/3}/K_t = Y_t/K_t$$

であり，これを**資本生産性**（資本ストック1単位あたりの産出量．ちなみに Y_t/N_t を**労働生産性**という），その逆数を**資本係数**（生産量1単位あたりに必要な資本ストック）といいます．そして貯蓄率を資本係数で割った（資本生産性を乗じた）ものを，ハロッドは**保証成長率**といいました．ハロッドの議論で前提となっていた生産関数が資本係数一定であった（練習問題3参照）ことを考えると，ソロー・モデルの結論が得られる核心の1つが生産関数，とりわけ一次同次生産関数に求められます．これが保証されるとさまざまな状況に応じて資本と労働を自在に選択できますから，資本係数も自在に調整することができます．すなわち，経済状況に応じた資本係数の調整を通じた均斉成長経路への到達が必然であることをソローは主張したのです．その意味において，マクロ経済学の入門書で解説されるハロッド・モデルとソロー・モデルの時間認識の違い（前者が短期，後者が長期）は，両モデルの帰結と基本的に無関係であることに注意が必要です．
　　なおハロッドとソローに関する相違点については，
瀬岡吉彦〔1994〕「経済成長論におけるハロッドとソロー」『経済学雑誌』第95巻（別冊）17－28頁
が参考になりました．

2．微分方程式による記述

次に連続時間にもとづくソロー・モデルを，第5章の微分方程式を用いて見ていきます．そのために，差分方程式で示されていた(12-3)式および(12-4)式を微分方程式に書き換えます．ただし以下の例題との対応のため，労働者数を L_t としておきます．

$$\frac{dK_t}{dt} = I_t - \delta K_t \tag{12-11}$$

$$\frac{dL_t}{dt} = nL_t \tag{12-12}$$

2．1．基本的性質

以下では，第5章にならって時間の関数である変数 X_t を時間で微分したものを $\dot{X}_t$，X_t の変化率 $\dot{X}_t/X_t$ を γ_X と表記します．そして先述のことを押さえた上で，基本的な例題から見ていきましょう．

例題2

　教育などで労働者1人当たりの労働効率（efficiency of labor）が上昇する経済の成長を考えたい．この経済の生産関数は

$$Y_t = K_t^{\alpha} N_t^{1-\alpha}$$

で表され，α は $0 < \alpha < 1$ を満たす定数である．N_t は時点 t における効率単位で測った労働力で，これは労働者数 L_t と労働者1人当たりの労働効率 E_t に対して，$N_t = E_t L_t$ で表される．労働効率の成長率を g として，以下の設問に計算過程を明示して答えよ．

① $\hat{k}_t \equiv K_t/N_t$ としてこの変化を記述する式を求め，適当な図示をして $\hat{k}_t$ の動きを説明せよ．

② 定常状態における $\hat{k}_t$ を求めよ．

③ 定常状態における GDP の成長率を求めよ．

④ 定常状態における労働者1人当たりの実質賃金の成長率を求めよ．

〔H14年度　上智大学（改題）〕

以降の解説では表記の簡便上，時間を表す下添え字を省略します．

①②　まず $\hat{k}$ の定義式を時間で微分したものを $\hat{k}$ で割り，(12-11)式および(12-12)式を代入して，先述の記号変換を行います．

$$\gamma_{\hat{k}}=\frac{I}{K}-\delta-n-g$$

あとは例題1と同じ手順で答えに到達できます．(12-1)式および(12-2)式からCを消去したものを，(12-11)式と問題文の生産関数とともに(12-13)式に代入すれば，

$$\gamma_{\hat{k}}=s\hat{k}^{\alpha-1}(n+g+\delta) \tag{12-13}$$

と $\hat{k}$ に関する1階微分方程式が導出できます（①前半の答）．

この微分方程式は容易に解くことができませんが，定常値は簡単に計算できます．第5章より，微分方程式における定常状態は $\dot{\hat{k}}=0$ すなわち $\gamma_{\hat{k}}=0$ で定義されるので(12-13)式から，

$$\hat{k}^{*}=\left\{\frac{s}{n+\delta+g}\right\}^{1/(1-\alpha)} \tag{12-14}$$

と計算できます（②の答）．これは例題1の④と同じ形です．

次に(12-13)式を図示しましょう．図12-3にこれが描かれています．α に関する仮定に注意すると，これは縦軸と $\gamma_{\hat{k}}=-(n+\delta+g)$ を漸近線とする右下がりの曲線となります．すると(12-14)式は $k>0$ の範囲で必ず横軸と1点交わり，そこにおいて定常状態が成立します．

そしてこの図をみると図5-2(a)と同じ構造を持っていることが分かります．すなわち，$\hat{k}^{*}>\hat{k}_{0}$ を満たす初期条件が与えられると $\gamma_{\hat{k}}>0$ だから $\hat{k}$ は持続的に増加します．逆に $\hat{k}^{*}<\hat{k}_{0}$ を満たす初期条件のもとでは $\gamma_{\hat{k}}<0$ だから $\hat{k}$

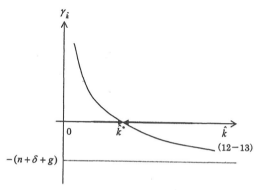

図12-3　微分方程式による $\hat{k}$ の動き

は持続的に減少します．ですが，いずれの初期条件から出発しても $\hat{k}$ の動きとともに $\gamma_{\hat{k}}$ の絶対値は一様に減少しますから，早晩 $\hat{k}$ は(12-14)式に到達して不変になります．つまり微分方程式(12-13)式は，どこから出発しても必ず(12-14)式に収束することが分かります[8]（①後半の答）．以上のことから，微分方程式で記述されるソロー・モデルと差分方程式で記述されるそれとが同一の帰結をもたらすことが分かります．

③　例題1を踏まえると，定常状態においては $\hat{y} \equiv Y/EL$ も一定値をとります．このことは $\hat{y}$ の成長率が $\gamma_{\hat{y}} = \gamma_Y - n - g = 0$ であり，GDP の成長率は $\gamma_Y = n + g$，すなわち例題1の⑤と同じ結論が得られます．

④　第8および前章で触れた生産者の利潤最大化行動を通じて答えを出しましょう．問題文の生産関数より，ここでの問題は p を生産物価格，w, r を2つの生産要素価格とすると，

$$Maximize \quad v = pK^{\alpha}(EL)^{1-\alpha} - wL - (r+\delta)K$$

であり，これを L に関する偏微分を通じて，(8-4)式あるいは(11-14b)式に該当する一階の条件を導出します．

$$\frac{\partial v}{\partial L} = 0 \Leftrightarrow (1-\alpha)\hat{k}^{\alpha}E = \frac{w}{p}$$

ここで実質賃金率 w/p を ω とします．この一階条件式の両辺を時間で微分して成長率の関係式を導出し（$\alpha\gamma_{\hat{k}} + g = \gamma_{\omega}$），それを定常状態で評価すれば求める答えは $\gamma_{\omega} = g$，つまり定常状態における実質賃金率の成長率は労働効率の成長率に一致することが分かります．

8）　もう1つの確認方法が1次近似（すなわち第2章のテイラー展開）を使う方法です．(12-13)式の両辺に $\hat{k}$ をかければ，

$$\dot{\hat{k}} = s\hat{k}^{\alpha} - (n+\delta+g)\hat{k}$$

となり，これを(12-14)式の近傍で1次近似します．

$$\dot{\hat{k}} = \{\alpha s((n+\delta+g)/s) - (n+\delta+g)\}(\hat{k}-\hat{k}^*) = -(1-\alpha)(n+\delta+g)(\hat{k}-\hat{k}^*)$$

この微分方程式は簡単に解けて，

$$\hat{k} = Ze^{-(1-\alpha)(n+\delta+g)t} + \hat{k}^*$$

となり（Z は任意定数），$\hat{k}^*$ の近傍において時間の経過とともに $\hat{k}$ は $\hat{k}^*$ へ収束することが分かります．ちなみに $-(1-\alpha)(n+\delta+g)$ のことを**収束速度**といいます．

2. 2. TFP（全要素生産性）

生産活動における効率性は，資本ストックや労働者数の組合せは言うに及ばず，生産現場で体現される様々な技術によっても影響を受けます．しかし様々な形態で存在する技術のすべてを詳細に記述するのはほぼ不可能なため，経済学では**全要素生産性**という形で一括して表現しています．そこでこれに関する例題を見ていくことにします．

例題3

ソロー・スワンの経済成長モデルを考えよう．生産関数を

$$Y_t = AK_t^\theta N_t^{1-\theta}$$

とする．ここで A は正の定数，θ は1よりも小さい正の定数とする．ここで N_t は効率単位で測った労働量で，労働増加的技術進歩を E_t として，$N_t = E_t L_t$ である．また，効率単位で測った労働1単位当たりの生産および資本ストックを $\hat{y}_t \equiv Y_t/N_t$ および $\hat{k}_t \equiv K_t/N_t$ とそれぞれ定義する．

① $\hat{k}_t$ のダイナミクスを記述する微分方程式を導け．また図を用いて定常状態を定義し，その安定性について議論せよ．

② 定常状態における全要素生産性（TFP）の成長率を求めよ．また経済が定常状態にない場合の TFP の成長率を求めよ．

③ 労働増加的技術進歩率 g の下落が(i) $\hat{y}_t$，(ii) K_t/Y_t，および(iii)定常状態における GDP の成長率，にどのような影響を与えるのかを①の結果を用いて示せ．

④ 経済が $g = \bar{g}$ のもとで定常状態にあったとする．ある時点 t_0 において g が $\bar{g}$ から0に恒常的に下落したとする．この下落直後の資本ストックの成長率が $\bar{g}+n$ であることを示せ．また下落直後の GDP の成長率を計算せよ．

〔H13年度 東京大学（改題）〕

---

① 例題2の①と全く同じ問題です．

$$\gamma_{\hat{k}} = sA\hat{k}^{\theta-1} - (n+g+\delta) \tag{12-15}$$

この式の安定性についても図12‐3で明らかです．ただし $\hat{k}$ の定常値は，

$$\hat{k}^* = \left\{ \frac{sA}{n+\delta+g} \right\}^{1/(1-\theta)} \tag{12-16}$$

に修正されます.

② 全要素生産性（TFP）とは生産現場で利用されるすべての生産要素が平均的に生み出す生産量のことで，この記号を F とおきます．これは問題文の生産関数から $F \equiv Y/K^\theta L^{1-\theta}$ で定義され[9]，ここから F の成長率を計算すると $\gamma_F = (\gamma_Y - n) - \theta(\gamma_K - n)$ となります．これに問題文の生産関数から計算した Y の成長率（第2章例題8参照），

$$\gamma_Y = \theta\gamma_K + (1-\theta)(n+g) \tag{12-17}$$

を代入すると $\gamma_F = (1-\theta)g$，つまり TFP の成長率は時間に関係なく一定の値をとります.

③ まず(iii)は例題2の③より，g の下落は定常状態における経済成長率の下落をもたらします．次に(i)は(12-15)式より，g の下落によって（$\hat{k}$ 一定のもとで）$\gamma_{\hat{k}}$ は上昇します．他方(12-17)式から $\gamma_{\hat{y}} = \theta\gamma_{\hat{k}}$ と書き換えられるので，g の下落によって $\hat{y}$ も上昇します．最後に(ii)は，分母分子を N で割ることで $\hat{k}/\hat{y}$ に置き換えます．すると生産関数を用いて $\hat{k}^{1-\theta}/A$ と表せますから，この成長率は $\gamma_{\hat{k}/\hat{y}} = (1-\theta)\gamma_{\hat{k}}$ と計算できます．ゆえに(i)と同じ理由から $\hat{k}/\hat{y}$ も上昇することが分かります[10].

④ $g = \bar{g}$ のもとで均斉成長経路にいた経済が時点 t_0 において（外生的かつ）恒常的に $g = 0$ に変化したということは，それ以降の労働効率が $E = \bar{E}$ で一定になることを意味します．つまりこれまで $\hat{k}$ で経済の動きを見ていたものが k の動きで，すなわち微分方程式，

$$\gamma_k = sA\bar{E}^{1-\theta}k^{\theta-1} - (n+\delta) \tag{12-18}$$

---

9) 実は TFP 水準を定量的に計測するのは無理で，通常は，
　　経済成長率 － 資本分配率×資本蓄積率 － 労働分配率×人口成長率
によって TFP の成長率を計測します．この結果をもとに，資本蓄積・労働力・TFP が経済成長に貢献したか（寄与度）を計測すると，かなりの大きさで TFP が貢献していることが明らかとなりました．それ以降 TFP の成長率のことを発見者にちなんでソローの残差とよんでいます.

10) 実は E の値に関係なく定常状態においては $\gamma_{\hat{k}/\hat{y}} = 0$ であり，資本係数は不変になります．つまり労働増加的技術進歩は定常状態において資本係数が一定になるような技術進歩のことであり，これをハロッド中立型技術進歩といいます.

で見なければならないことになります．ただし題意は g 下落直後における K の成長率を求めることですから，時点 t_0 における (12-18) 式の値を求めると何とかなりそうです．ここで時点 t_0 において $(k/\overline{E})=\hat{k}^*$ であることに注意して，(12-16) 式を (12-18) 式に代入すれば $\gamma_k=\bar{g}$ になります．よって，

$$\gamma_K=\bar{g}+n \tag{12-19}$$

が得られ，題意が証明されます．そしてこれを (12-17) 式に代入すれば g の下落直後の経済成長率も (12-19) 式で一致します．

3．どこまで説明可能か？

90年代の日本経済は，「失われた10年」と言われるほどの低迷状態だったとの評価が一般的です．もちろんその発端は，1990年初頭のバブル崩壊に始まる資産価格の大幅下落が引き起こしたことだと言うのは実感してもらえるでしょうが，それ以降のメカニズムについては殆ど解明されているとはいえません．ただ90年代の日本経済で観察された事実の1つとして，たとえば平成14年版『経済財政白書』によれば労働生産性が低下していました．白書ではその原因が TFP の減少にあると指摘しており，これは例題3の③で示されたことと合致しています．

では経済成長率で見るとどうでしょうか．(12-17) 式と (12-18) 式を使えば，時点 t_0 以降の経済成長率が，

$$\gamma_Y=\theta\{sA\,\overline{E}^{\,1-\theta}k^{\theta-1}-(n+\delta)\}+n$$

で表されます．例題3の④との関連で問題になるのが g の恒常的下落直後ではなく，時間の経過とともに経済成長率がどうなるかです．そこで $\bar{g}+n-\gamma_Y\equiv\Delta\gamma$ を g 下落前後の経済成長率の差として，

$$\Delta\gamma=\bar{g}+\theta(n+\delta)-\theta sA\,\overline{E}^{\,1-\theta}k^{\theta-1} \tag{12-20}$$

について考えてみましょう．

(12-20) 式は図12-4で示したように，縦軸と $\Delta\gamma=\bar{g}+\theta(n+\delta)$ を漸近線とする右上がりの曲線です．ここで横軸との交点 $\hat{k}^*\overline{E}$ は，経済が g 下落直前までに定常状態にあったことを表しています．g が恒常的に下落して少しでも時間が経過すると (12-18) 式より $\gamma_k>0$ となるから，k は大きくならざるを得ません．そして k は (12-18) 式にしたがってスムーズに移行し，新たな定常値

k^* に到達します．[11] このとき $\Delta\gamma$ はゼロからスムーズに上昇し，新たな定常状態のもとでは $\bar{g}$ に一致します．つまり例題 3 の④を踏まえると，g の恒常的下落によって経済成長率は持続的に下落していくことを表しており，これも 1990 年代の日本経済の経験と合致しています．

　以上の考察から，例題 3 で示された生産関数において労働増加型技術進歩を導入することで，1990 年代の日本経済の成長動向がうまく説明できることが分かります．

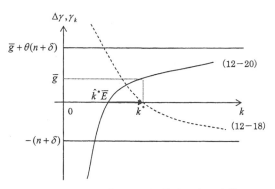

図12-4　g 下落による経済成長率の乖離

練習問題

問題 1

　マクロ生産関数が次のように与えられている．

$$Y_t = A_t K_t^{0.3} L_t^{0.7}$$

ただし Y_t：生産量，A_t：技術水準，K_t：資本ストック，L_t：労働人口とする．いま技術水準の成長率が 2 ％，資本ストックの成長率が 2 ％，労働人口の成長率が 2 ％のとき，生産量の成長率は何％か．

〔H20年度　福島大学〕

---

11)　その水準は $k^* = \bar{E}\{sA/(n+\delta)\}^{1/(1-\theta)}$ で与えられます．

問題2

新古典派成長モデルに関する以下の①から④の設問に答えなさい．このモデルにおける経済全体の生産関数は，

$$Y_t = K_t^\alpha L_t^{1-\alpha} \qquad (*)$$

で与えられているものとしよう．ここで α は $0<\alpha<1$ を満たす定数である．

① $K_t/L_t \equiv k_t$ で，時点 t における労働者1人当たりの資本ストックを表すものとしよう．このときこの成長率が，

$$\dot{k}_t/k_t = sk_t^{\alpha-1} - (n+\delta) \qquad (**)$$

で表されることを示しなさい．

② $(**)$式を利用して，均衡（均斉成長経路上）における労働者1人当たりの資本ストックを求めなさい．

③ ②で求めた均衡が安定的であることを示しなさい．

④ $(**)$式を利用して，労働者1人当たり所得水準 $y_t \equiv Y_t/L_t$ が高いほどその成長率が低くなることを証明しなさい．

⑤ 労働者1人当たりの消費は $c_t = (1-s)y_t$ で与えられる．定常状態における c^* を求めよ．さらに貯蓄率 s の値によって c^* がどのように動くかを図示し，なぜそのような形となるのかを説明せよ．

〔H16年度　上智大学（改題）〕

問題3

以下の経済成長モデルについての設問のすべてに解答せよ．ここで $Y_t, K_t,$ N_t はそれぞれ時点 t での経済の集計的産出量，資本，労働力を表す．δ（資本減耗率：$\delta>0$），s（貯蓄率：$0<s<1$），n（労働力成長率：$n>0$）は一定とする．また生産関数 $F[K_t, N_t]$ はレオンティエフ型であり，b_K, b_N はいずれも正の定数とする．

$$Y_t = \min\left\{\frac{K_t}{b_K}, \frac{N_t}{b_N}\right\} = \begin{cases} K_t/b_K & if & K_t/b_K \le N_t/b_N \\ N_t/b_N & if & K_t/b_K > N_t/b_N \end{cases}$$

$$\dot{K}_t + \delta K_t = sY_t$$

$$\frac{\dot{N}_t}{N_t} = n$$

① 労働力1人当たり資本量が小さく，$k_t \equiv K_t/N_t \leq b_K/b_N$ であるような資本量の相対的不足状態を考える．この場合における産出量成長率 $\dot{Y}_t/Y_t$ について述べよ．（結論だけでなく理由も説明せよ．）

② 労働力1人当たりの資本量が大きく，$k_t > b_K/b_N$ であるような労働力の相対的不足状態を考える．この場合における産出量成長率について述べよ．（結論だけでなく理由も説明せよ．）

③ 労働力1人当たり資本量の時間的変化 $\dot{k}_t = \dot{K}_t/N_t - nk_t = sY_t/N_t - (n + \delta)k_t$ がどのように k_t に依存するかについて説明し，1人当たり資本量が一定となる定常状態について述べなさい．（結論だけでなく理由も説明せよ．）

〔H17年度 東北大学〕

（Hint）レオンティエフ型生産関数とは，代替の弾力性がゼロである生産技術を表し，問題文にあるように，生産要素の少ない方で産出量が規定されることを表しています．

読書案内

　ここではマクロ経済学および経済数学を勉強するに当たって，有用と思われる書籍を幾つか挙げておきます．

　　〔1〕A．C．チャン（著）／大住・小田・高森・堀江（訳）〔1979〕『現代経済学の数学基礎』（上・下）マグロウヒル
　　〔2〕西村和雄〔1982〕『経済数学早わかり』日本評論社

　〔1〕は今でも読まれている経済数学のテキストで，特に下巻の差分方程式と微分方程式はわかりやすいです．〔2〕は練習問題の一切ない珍しい経済数学のテキストですが，数学のイメージ付けには格好です．

　　〔3〕水野勝之〔2004〕『テキスト経済数学』（第2版）中央経済社
　　〔4〕武隈慎一・石村直之〔2003〕『基礎コース経済数学』新世社

これらは経済学への利用を念頭においた経済数学の初級テキストであり，スタイルとしては本書と類似しています．

　　〔5〕中井達〔2008〕『経済数学（線型代数編）』ミネルヴァ書房
　　〔6〕中井達〔2008〕『経済数学（微分積分編）』ミネルヴァ書房
　　〔7〕岡田章〔2001〕『経済学・経営学のための数学』東洋経済新報社
　　〔8〕小山昭雄〔1994〕『経済数学教室（1〜8・別巻）』岩波書店

これらはいずれも本格的な経済数学のテキストです．その中でも〔5〕〔6〕は分野を絞って丁寧に解説し，〔7〕は線型代数や微分に関する諸定理をコンパクトに説明していてわかりやすいです．〔8〕はもっとも経済数学を体系的に解説したテキストです．ただしこれを最初から最後までを読破するのは至難の業なので，分からない所に出くわしたら紐解くという形で利用すればいいでしょう．

　もしこれらの書籍にチャレンジしてどうしても歯が立たないようなら，高校数学に立ち返って数多くの計算問題をこなすことをお勧めします．数学は目で追いかけて即座に理解できる分野ではなく，紙と鉛筆で確認しながら理解を深めるものです．そのことを身体で覚えておいた方が，数学をマスターするには

早道だと個人的には思っています．

　次にマクロ経済学関連の書籍を若干紹介しましょう．

　　〔9〕松尾匡〔1999〕『標準マクロ経済学』中央経済社

　　〔10〕辻正次・田岡文夫・吉本佳生〔1997〕『演習マクロ経済学』日本評論
　　　　社

　〔9〕は初級テキストですが，ミクロ的基礎付けに重点を置いて解説した数
少ないテキストです．〔10〕は初級から中級レベルをカバーする演習書ですが，
本書に比べると平易です．

　　〔11〕二神孝一・堀敬一〔2009〕『マクロ経済学』有斐閣

　　〔12〕脇田成〔1998〕『マクロ経済学のパースペクティブ』日本経済新聞社

　　〔13〕斎藤誠〔2006〕『新しいマクロ経済学』（新版）有斐閣

　〔11〕は入門書でも触れる事項を押さえつつ，中級レベルまでを包摂したテキ
ストです．〔12〕は大学院以降のマクロ経済学を俯瞰した解説書，〔13〕は最新
の研究動向を踏まえた詳細な中級テキストで，かなりのボリュームがあります．
最後に大学院入学以降で主に使用する数学的手法については，次の文献がわか
りやすいです．

　　〔14〕西村清彦〔1990〕『経済学のための最適化理論入門』東京大学出版会

　　〔15〕大住圭介〔2003〕『経済成長分析の方法』九州大学出版会

練習問題解答

第1章

問題1

① 係数行列の行列式の計算に当たって，第3列に沿って余因数展開する.

$$\begin{vmatrix} 1 & 2 & 0 & -2 \\ -3 & 2 & 1 & -1 \\ 1 & -1 & 0 & 3 \\ 0 & -2 & 0 & 4 \end{vmatrix} = - \begin{vmatrix} 1 & 2 & -2 \\ 1 & -1 & 3 \\ 0 & -2 & 4 \end{vmatrix} = 2$$

② 4×4型行列の逆行列の考え方は(1-10)式と同じである．係数行列を A として，各成分の余因数を計算する.

$$A_{11} = \begin{vmatrix} 2 & 1 & -1 \\ -1 & 0 & 3 \\ -2 & 0 & 4 \end{vmatrix} = -2, \ A_{21} = - \begin{vmatrix} 2 & 0 & -2 \\ -1 & 0 & 3 \\ -2 & 0 & 4 \end{vmatrix} = 0, \ A_{31} = \begin{vmatrix} 2 & 0 & -2 \\ 2 & 1 & -1 \\ -2 & 0 & 4 \end{vmatrix} = 4$$

$$A_{41} = - \begin{vmatrix} 2 & 1 & -2 \\ 2 & 1 & -1 \\ -1 & 0 & 3 \end{vmatrix} = -4, \ A_{12} = - \begin{vmatrix} -3 & 1 & -1 \\ 1 & 0 & 3 \\ 0 & 0 & 4 \end{vmatrix} = 4, \ A_{22} = \begin{vmatrix} 1 & 0 & -2 \\ 1 & 0 & 3 \\ 0 & 0 & 4 \end{vmatrix} = 0$$

$$A_{32} = - \begin{vmatrix} 1 & 0 & -2 \\ -3 & 1 & -1 \\ 0 & 0 & 4 \end{vmatrix} = -4, \ A_{42} = \begin{vmatrix} 1 & 0 & -2 \\ -3 & 1 & -1 \\ 1 & 0 & 3 \end{vmatrix} = 5, \ A_{13} = \begin{vmatrix} -3 & 2 & -1 \\ 1 & -1 & 3 \\ 0 & -2 & 4 \end{vmatrix} = -12$$

$$A_{23} = - \begin{vmatrix} 1 & 2 & -2 \\ 1 & -1 & 3 \\ 0 & -2 & 4 \end{vmatrix} = 2, \ A_{33} = \begin{vmatrix} 1 & 2 & -2 \\ -3 & 2 & -1 \\ 0 & -2 & 4 \end{vmatrix} = 18, \ A_{43} = - \begin{vmatrix} 1 & 2 & -2 \\ -3 & 2 & -1 \\ 1 & -1 & 3 \end{vmatrix} = -19$$

$$A_{14} = - \begin{vmatrix} -3 & 2 & 1 \\ 1 & -1 & 0 \\ 0 & -2 & 0 \end{vmatrix} = 2, \ A_{24} = \begin{vmatrix} 1 & 2 & 0 \\ 1 & -1 & 0 \\ 0 & -2 & 0 \end{vmatrix} = 0, \ A_{34} = - \begin{vmatrix} 1 & 2 & 0 \\ -3 & 2 & 1 \\ 0 & -2 & 0 \end{vmatrix} = -2$$

$$A_{44} = \begin{vmatrix} 1 & 2 & 0 \\ -3 & 2 & 1 \\ 1 & -1 & 0 \end{vmatrix} = 3$$

よって求める逆行列は以下の通り．

$$A^{-1}=\frac{1}{2}\begin{pmatrix} -2 & 0 & 4 & -4 \\ 4 & 0 & -4 & 5 \\ -12 & 2 & 18 & -19 \\ 2 & 0 & -2 & 3 \end{pmatrix}$$

③

$$\begin{pmatrix} w \\ x \\ y \\ z \end{pmatrix}=\frac{1}{2}\begin{pmatrix} -2 & 0 & 4 & -4 \\ 4 & 0 & -4 & 5 \\ -12 & 2 & 18 & -19 \\ 2 & 0 & -2 & 3 \end{pmatrix}\begin{pmatrix} 2 \\ -3 \\ 5 \\ 1 \end{pmatrix}=\begin{pmatrix} 6 \\ -7/2 \\ 41/2 \\ -3/2 \end{pmatrix}$$

問題 2

① $A=\begin{pmatrix} a & b \\ b & a \end{pmatrix}$ として A^n の法則性があるかどうかをチェックする．

$$A^2=\begin{pmatrix} a & b \\ b & a \end{pmatrix}\begin{pmatrix} a & b \\ b & a \end{pmatrix}=\begin{pmatrix} a^2+b^2 & 2ab \\ 2ab & a^2+b^2 \end{pmatrix}$$

$$A^3=\begin{pmatrix} a^2+b^2 & 2ab \\ 2ab & a^2+b^2 \end{pmatrix}\begin{pmatrix} a & b \\ b & a \end{pmatrix}=\begin{pmatrix} a^3+3ab^2 & 3a^2b+b^3 \\ 3a^2b+b^3 & a^3+3ab^2 \end{pmatrix}$$

$$A^4=\begin{pmatrix} a^3+3ab^2 & 3a^2b+b^3 \\ 3a^2b+b^3 & a^3+3ab^2 \end{pmatrix}\begin{pmatrix} a & b \\ b & b \end{pmatrix}=\begin{pmatrix} a^4+6a^2b^2+b^4 & 4a^3b+4ab^3 \\ 4a^3b+4ab^3 & a^4+6a^2b^2+b^4 \end{pmatrix}$$

この結果と展開公式 $(a+b)^n=a^n+{}_nC_1a^{n-1}b+\cdots+{}_nC_{n-1}ab^{n-1}+b^n$ を対応させると，対角成分は右辺の第 $1,3,\cdots$ と奇数項が並び，それ以外は第 $2,4,\cdots$ と偶数項が並ぶ．よって，

$$A^n=\begin{pmatrix} 2^n+{}_nC_22^{n-2}(-1)^2+\cdots & {}_nC_12^{n-1}(-1)+{}_nC_32^{n-3}(-1)^3+\cdots \\ {}_nC_12^{n-1}(-1)+{}_nC_32^{n-3}(-1)^3+\cdots & 2^n+{}_nC_22^{n-2}(-1)^2+\cdots \end{pmatrix}$$

となる．

②

$$\begin{vmatrix} 1 & 2 & 1 \\ 2 & 4 & 1 \\ 1 & 1 & 2 \end{vmatrix}=-1$$

よりこの行列の逆行列は存在する．よって求める逆行列は以下の通りである．

$$A^{-1} = -\begin{pmatrix} 7 & -3 & -2 \\ -3 & 1 & 1 \\ -2 & 1 & 0 \end{pmatrix}$$

問題 3

固有方程式,

$$\begin{vmatrix} \lambda+1 & -6 \\ -1 & \lambda-4 \end{vmatrix} = (\lambda-5)(\lambda+2) = 0$$

より,固有値は $\lambda = -2, 5$ である.そして固有ベクトルは以下の通り.

$$\lambda = -2 \text{ のとき } \alpha\begin{pmatrix} -6 \\ 1 \end{pmatrix}, \quad \lambda = 5 \text{ のとき } \beta\begin{pmatrix} 1 \\ 1 \end{pmatrix}$$

問題 4

① 固有方程式,

$$\begin{vmatrix} \lambda-p & 0 & 0 \\ 1 & \lambda-p & -2q^2 \\ 0 & -1 & \lambda-r \end{vmatrix} = (\lambda-p)(\lambda^2-(p+r)\lambda+pr-2q^2) = 0$$

より,固有値は $\lambda = p$ および,

$$\lambda = \frac{p+r \pm \sqrt{(p-r)^2+8q^2}}{2} \tag{1}$$

である.(1)式右辺の根号の中身は確実に正値なので題意が証明される.

② 問題文より $p = r-q$ なので,これを(1)式に代入すれば $\lambda = r-2q, r+q$,そして $\lambda = p$ より $r-q$,これらが固有値である.

③

$$\lambda = r-2q \text{ のとき } a\begin{pmatrix} 0 \\ -2q \\ 1 \end{pmatrix}, \quad \lambda = r-q \text{ のとき } \beta\begin{pmatrix} -2q \\ 1 \\ -1/q \end{pmatrix},$$

$$\lambda = r+q \text{ のとき } \gamma\begin{pmatrix} 0 \\ q \\ 1 \end{pmatrix}$$

第 2 章

問題 1

① $f'[x] = \dfrac{8}{x}$

② 対数微分法より $f'[x] = 2bxa^{bx^2}\log a$

③ $f'[x] = \dfrac{x^2(3-x)}{e^x}$

問題 2

① 例題 3 の③の結果を踏まえる.

$$f'[x] = 3e^2(e^{x^2} + 2x^2 e^{x^2}) = 3x^{x^2+2}(2x^2+1)$$

② $x + y \equiv X, x - y \equiv Y$ とおく. これらを全微分すると,

$$\begin{cases} dX = dx + dy \\ dY = dx - dy \end{cases} \tag{1}$$

である. 次に与式を上記の変数変換した関数 $g[X, Y] = X^Y$ とみて, これを全微分する.

$$dg = YX^{Y-1}dX + X^Y(\log X)dY \tag{2}$$

そして(2)式に(1)式を代入して整理する.

$$df = (x - y)(x + y)^{x-y-1}(dx + dy) + (x + y)^{x-y}(\log(x+y))(dx - dy)$$

$$= (x + y)^{x-y}\left\{ \left(\frac{x-y}{x+y} + \log(x+y) \right)dx + \left(\frac{x-y}{x+y} - \log(x+y) \right)dy \right\}$$

問題 3

与式は $(-\infty/\infty)$ 型の不定形であるが, (2-10)式を使っても不定形になる. そこで分母分子を個別に 2 階微分する.

$$\lim_{x \to \infty} \frac{-5x^2 + 4}{x^2 + 4x - 2} = \lim_{x \to \infty} \frac{-10}{2} = -5$$

問題 4

① $f[x, y] = g[x + y]$ を全微分する.

$$\frac{\partial f}{\partial x}dx + \frac{\partial f}{\partial y}dy = g'(dx + dy) \tag{1}$$

(1)式の係数比較を通じて $\partial f / \partial x = \partial f / \partial y = g'$ が言える.

② $\partial f / \partial x = \partial f / \partial y$ を満たす関数 $f[x, y]$ を全微分する.

$$df = \frac{\partial f}{\partial x} dx + \frac{\partial f}{\partial y} dy = \frac{\partial f}{\partial x}(dx + dy) \tag{2}$$

ここで $x + y = t$ として，$\partial f / \partial x = g'[t]$ を満たす関数 g を考える．このとき(2)式は，

$$\frac{\partial f}{\partial x} dx + \frac{\partial f}{\partial y} dy = g' dt = g'[x+y](dx + dy)$$

であって，これは $f[x, y] = g[x+y]$ を全微分したものに相当する.

問題5

ここでは与式を偏微分したものを f_i, g_i $(i = x, y, a, b)$ で表現する．そして与式を全微分したものを行列で表現する．

$$\begin{pmatrix} f_x & f_y \\ g_x & g_y \end{pmatrix}\begin{pmatrix} dx \\ dy \end{pmatrix} = \begin{pmatrix} -f_a da - f_c dc \\ -g_a da - g_c dc \end{pmatrix}$$

ここでヤコビ行列 $J = \begin{pmatrix} f_x & f_y \\ g_x & g_y \end{pmatrix}$ において $f_x g_y - f_y g_x \neq 0$ として逆行列を求め，ここから dx, dy を求める.

$$\begin{pmatrix} dx \\ dy \end{pmatrix} = \frac{1}{f_x g_y - f_y g_x}\begin{pmatrix} (f_y g_a - f_a g_y) da + (f_y g_c - f_c g_y) dc \\ (f_a g_x - f_x g_a) da + (f_c g_x - f_x g_c) dc \end{pmatrix}$$

ここで $dc = 0$ とすれば，

$$\begin{pmatrix} \partial x / \partial a \\ \partial y / \partial a \end{pmatrix} = \frac{1}{f_x g_y - f_y g_x}\begin{pmatrix} f_y g_a - f_a g_y \\ f_a g_x - f_x g_a \end{pmatrix}$$

そして $da = 0$ とすれば，

$$\begin{pmatrix} \partial x / \partial c \\ \partial y / \partial c \end{pmatrix} = \frac{1}{f_x g_y - f_y g_x}\begin{pmatrix} f_y g_c - f_c g_y \\ f_c g_x - f_x g_c \end{pmatrix}$$

となる.

第3章

問題1

与式から一階の条件を導出する.

$$\frac{\partial f[x,y]}{\partial x}=0 \Leftrightarrow 4x^3-4(x-y)=0 \tag{1}$$

$$\frac{\partial f[x,y]}{\partial y}=0 \Leftrightarrow 4y^3+4(x-y)=0 \tag{2}$$

(1)式および(2)式を整理すると $(x+y)(x^2-xy+y^2)=0$ が得られる．このうち，

$$x^2-xy+y^2=\left(x-\frac{1}{2}y\right)^2+\frac{3}{4}y^2$$

であり，これはすべての y に対して $x=(1/2)y$ のとき最小値 $(3/4)y^2$ をもつ．ところがこの最小値は非負であるから，$x^2-xy+y^2=0$ を満たす x,y の組合せは $x=y=0$ 以外に存在しない．ゆえに最適条件は $x=-y$ で与えられる．この条件と(2)式より，極値に該当する x,y の組合せは $(x,y)=(\pm\sqrt{2},\mp\sqrt{2}),(0,0)$ の 3 点存在する．

次にこれらの組合せを与式に代入する．

$$f[\sqrt{2},-\sqrt{2}]=f[-\sqrt{2},\sqrt{2}]=-8$$
$$f[0,0]=0$$

よって与式は $(x,y)=(\pm\sqrt{2},\mp\sqrt{2})$ のとき極小値 -8，$(x,y)=(0,0)$ のとき極大値 0 をとる．

問題 2

① ラグランジェ関数は，

$$\Lambda \equiv x^2-4xy+4y^2+\lambda(1-x^2-y^2)$$

と定義でき，一階の条件を導出する．

$$\frac{\partial\Lambda}{\partial x}=0 \Leftrightarrow 2x-4y-2\lambda x=0, \quad \frac{\partial\Lambda}{\partial y}=0 \Leftrightarrow -4x+8y-2\lambda x=0$$

これらを整理すると $(2x+y)(x-2y)=0$ であり，$x=-(1/2)y, x=2y$ という 2 つの最適条件式が得られる．

$x=-(1/2)y$ の最適条件と制約条件から，

$$(x^*,y^*)=\left(\pm\frac{1}{\sqrt{5}},\mp\frac{2}{\sqrt{5}}\right)$$

と計算でき，その極値 5 は与式の最大値である．そして $x=2y$ の最適条件と制約条件から，

$$(x^*, y^*) = \left(\pm \frac{2}{\sqrt{5}}, \pm \frac{1}{\sqrt{5}} \right)$$

と計算でき，その極値 0 は与式の最小値である．

② ラグランジェ関数を，

$$\Lambda \equiv \frac{2}{3}\log x + \frac{1}{3}\log y + \lambda \left(1 - \frac{1}{2}x - \frac{1}{3}y \right)$$

と定義して，一階の条件を通じて最適条件を導出する．

$$\frac{\partial \Lambda}{\partial x} = 0 \Leftrightarrow \frac{2}{3x} - \frac{1}{2}\lambda = 0, \quad \frac{\partial \Lambda}{\partial y} = 0 \Leftrightarrow \frac{1}{3y} - \frac{1}{3}\lambda = 0 \rightarrow y = \frac{3}{4}x$$

最適条件と制約条件から，

$$(x^*, y^*) = \left(\frac{4}{3}, 1 \right)$$

と計算できる．このときの極値（厳密な計算は省略するが極大値）は $z^* = (2/3)\log(4/3)$ である．

第 4 章

問題 1

与式を $6x_{n+2} = x_{n+1} + x_n$ とした上で，特性方程式を導出する．

$$6\lambda^2 - \lambda - 1 = (2\lambda - 1)(3\lambda + 1) = 0$$

よって特性根は $\lambda = -(1/3), 1/2$ である．そして一般項は，

$$x_t = A_1 \left(\frac{1}{2} \right)^t + A_2 \left(-\frac{1}{3} \right)^t \tag{1}$$

と計算できる．問題には初期条件 $x_0 = 0, x_1 = 1$ が与えられており，(1)式と初期条件から任意定数の組合せは $(A_1, A_2) = (6/5, -6/5)$ と計算できる．これを(1)式に代入して答えを確定する．

$$x_t = \frac{6}{5} \left(\frac{1}{2} \right)^t - \frac{6}{5} \left(-\frac{1}{3} \right)^t$$

問題 2

① $A = \begin{pmatrix} a_{11} & a_{12} \\ a_{21} & a_{22} \end{pmatrix}$ として，与えられた関係式を計算して2組の連立方程式

を作る．

$$\begin{cases} a_{11}+2a_{12}=1/2 \\ 2a_{11}+a_{12}=4 \end{cases}$$

$$\begin{cases} a_{21}+2a_{22}=1 \\ 2a_{21}+a_{22}=2 \end{cases}$$

ここから求める行列は以下のとおり．

$$A=\begin{pmatrix} 5/2 & -1 \\ 1 & 0 \end{pmatrix} \tag{1}$$

② (1)式から特性方程式を導出する．

$$\begin{vmatrix} \lambda-5/2 & 1 \\ -1 & \lambda \end{vmatrix} = \frac{1}{2}(2\lambda-1)(\lambda-2)=0$$

よって特性根は $\lambda=1/2, 2$ である．そして $\lambda=1/2$ に対応する定数ベクトルは $c_1\begin{pmatrix}1\\2\end{pmatrix}$，$\lambda=2$ に対応する定数ベクトルは $c_2\begin{pmatrix}2\\1\end{pmatrix}$ である（c_1, c_2 は任意定数）．ゆえに一般解は，

$$\boldsymbol{a}_t = c_1\begin{pmatrix}1\\2\end{pmatrix}\left(\frac{1}{2}\right)^t + c_2\begin{pmatrix}2\\1\end{pmatrix}2^t \tag{1}$$

となる．

ここで問題に即して，(1)式において $\boldsymbol{a}_1=\begin{pmatrix}\alpha\\2\alpha\end{pmatrix}$ を与えて任意定数を計算する．その結果は $(c_1, c_2)=(2\alpha, 0)$ である．よって(1)式は，

$$\boldsymbol{a}_t = \begin{pmatrix}2\alpha\\4\alpha\end{pmatrix}\left(\frac{1}{2}\right)^t$$

であり，$t\to\infty$ のとき $\boldsymbol{a}_t\to\boldsymbol{0}$，すなわちゼロベクトルに収束する．これはベクトルの長さがゼロに，つまり $\lim\limits_{t\to\infty}|\boldsymbol{a}_t|=0$ であり，題意が証明される．

③ 問題に即して，(1)式において $\boldsymbol{a}_1=\begin{pmatrix}2\beta\\\beta\end{pmatrix}$ を与えて任意定数を計算する．その結果は $(c_1, c_2)=(0, \beta/2)$ である．よって(1)式は，

$$\boldsymbol{a}_t = \begin{pmatrix}\beta\\\beta/2\end{pmatrix}2^t$$

であり，$t\to\infty$ のとき $\boldsymbol{a}_t$ の各成分は無限大になる．これはベクトルの長さが

無限大に，つまり $\lim_{t\to\infty}|a_t|=+\infty$ であり，題意が証明される．

第 5 章

問題 1

① $e^x=(e^x)'$ より部分積分法を用いる．$\displaystyle\int x^2 e^x dx = e^x(x^2-2x+2)$

② $\cos x=(\sin x)'$ より 部分積分法を用いる．$\displaystyle\int x(\cos x)dx = x\sin x + \cos x$

③ $3x-5=t$ とおけば $dt=3dx$ である．ここから答えを求める．

$$\int (3x-5)^n dx = \int \frac{(3x-5)^n}{3}\cdot 3dx = \int \frac{t^n}{3}dt = \frac{(3x-5)^{n+1}}{3(n+1)}$$

問題 2

① まず不定積分から求める．$1+e^x=t$ とおけば $dt=e^x dx$ である．これを使えば，

$$\int \frac{1}{1+e^x}dx = \int \frac{1}{1+e^x}\frac{1}{e^x}e^x dx = \int \frac{1}{t(t-1)}dt$$

が得られる．最後の不定積分は部分分数展開ができて，結局，

$$\int \frac{1}{t(t-1)}dt = -\int \frac{1}{t}dt + \int \frac{1}{t-1}dt = \log\left|\frac{t-1}{t}\right| = \log\left|\frac{e^x}{1+e^x}\right|$$

となる．この結果を使って定積分を計算する．

$$\int_0^1 \frac{1}{1+e^x}dx = \left[\log\left(\frac{e^x}{1+e^x}\right)\right]_{x=0}^1 = 1+\log\left(\frac{2}{1+e}\right)$$

② $2^{-x}=t$ とすれば $2^{-x}dt=-(1/\log 2)dt$ であり，ここから置換積分法を利用する．ただしこの場合，t の積分区間は $0\le t\le 1$ であることに注意する．

$$\int_0^\infty 2^{-x}dx = -\int_0^1 \frac{1}{\log 2}dt = -\left[\frac{t}{\log 2}\right]_{t=0}^1 = \frac{-1}{\log 2}$$

問題 3

① 特性方程式，

$$\begin{vmatrix} \lambda & -3 \\ 2/3 & \lambda-3 \end{vmatrix} = (\lambda-1)(\lambda-2)=0$$

より特性根は $\lambda = 1, 2$ であり，これらに対応する定数ベクトルは，

$$\lambda = \lambda_1 \text{ のとき } A_1 \begin{pmatrix} 3 \\ 1 \end{pmatrix}, \quad \lambda = 2 \text{ のとき } A_2 \begin{pmatrix} 3 \\ 2 \end{pmatrix}$$

である．よって答えは以下の通り．

$$\begin{cases} x_t = 3A_1 e^t + 3A_2 e^{2t} \\ y_t = A_1 e^t + 2A_2 e^{2t} \end{cases}$$

② 特性方程式，

$$\begin{vmatrix} \lambda + 2 & -7 \\ -2 & \lambda + 5 \end{vmatrix} = \lambda^2 + 7\lambda - 4 = 0$$

より特性根は，

$$\lambda = \frac{-7 \pm \sqrt{65}}{2}$$

である．以下では小さ（大き）い方の特性根を λ_1（λ_2）とする．このとき各特性根に対応する定数ベクトルは，

$$\lambda = \lambda_1 \text{ のとき } A_1 \begin{pmatrix} 3 - \sqrt{65} \\ 4 \end{pmatrix}, \quad \lambda = \lambda_2 \text{ のとき } A_2 \begin{pmatrix} 3 + \sqrt{65} \\ 4 \end{pmatrix}$$

であり，答えは以下の通りとなる．

$$\begin{cases} x_t = (3 - \sqrt{65}) A_1 e^{\lambda_1 t} + (3 + \sqrt{65}) A_2 e^{\lambda_2 t} \\ y_t = 4A_1 e^{\lambda_1 t} + 4A_2 e^{\lambda_2 t} \end{cases}$$

（コメント）②の定数ベクトルは，

$$A_1 \begin{pmatrix} 14 \\ -3 - \sqrt{65} \end{pmatrix}, A_2 \begin{pmatrix} 14 \\ -3 + \sqrt{65} \end{pmatrix}$$

とおいても構いません．

第6章

問題1

① $Y = \dfrac{A + I + G}{1 - c(1-t)}$

② 財政政策の財源が（期待される）税収増と公債発行なので，ここでは $\Delta Y, \Delta B$ を内生変数とする連立方程式を考える．

$$\begin{cases} \{1-c(1-t)\}\Delta Y = \Delta G \\ t\Delta Y + \Delta B = \Delta G \end{cases}$$

よって答えは以下の通り.

$$(\Delta Y, \Delta B) = \left(\frac{1}{1-c(1-t)}\Delta G, \frac{(1-c)(1-t)}{1-c(1-t)}\Delta G \right)$$

（コメント）$\frac{(1-c)(1-t)}{1-c(1-t)} < 1$ より，財政政策による税収の自然増を期待でき，しかもそれを財政政策の財源の一部に充当できるのなら，公債発行額はより少なくて済み，しかも均衡国民所得に与える効果は税収増を期待しない場合と同じになります.

問題2

①
$$0.2Y + 5r = 350 - 0.8T \tag{1}$$
$$0.2Y - 2r = 100 \tag{2}$$

② (1)式および(2)式より答えを出す.

$$(Y^*, r^*) = \left(\frac{6000 - 8T}{7}, \frac{250 - 0.8T}{7} \right) \tag{3}$$

③ (1)式が，
$$0.2Y + 5r = 490 - 0.8T \tag{4}$$
に修正され，これと(2)式を連立させて解く.

$$(Y^{**}, r^{**}) = \left(\frac{7400 - 8T}{7}, \frac{390 - 0.8T}{7} \right) \tag{5}$$

④ (3)式および(5)式より均衡国民所得の変化は200である. 他方財政政策が金融市場に影響しない場合，(1)式および(4)式において r にかかる係数をゼロとおいて乗数効果を求めると700である. よって答えは500である.

⑤ 新たな実質貨幣供給を m とする. このとき(2)式は，
$$0.2Y - 2r = m \tag{6}$$
に修正され，これと(4)式と連立させて均衡の組合せを計算する.

$$(Y', r') = \left(\frac{4900 + 25m - 8T}{7}, \frac{490 - m - 0.8T}{7} \right) \tag{7}$$

クラウディング・アウトを相殺するためには④および(3), (7)式より $Y' - Y^* = 700$ であればよく，これを解いて $m = 240$ となる. よって増加させる実

質貨幣供給は140である.

（コメント）⑤は利子率が増加しなければいいので，$r'-r^*=0$ からも計算できます.

問題3

解答する前に，与えられた IS 曲線および LM 曲線を Y, r, G, T, M で全微分して $\Delta Y, \Delta r$ に関する連立方程式を解いておく.

$$\Delta Y = \frac{(\partial L/\partial r)(\Delta G - C'\Delta T) + I'((1/P)\Delta M + (\partial L/\partial C)C'\Delta T)}{(1-C')(\partial L/\partial r) + (\partial L/\partial C)C'I'} \tag{1}$$

$$\Delta r = \frac{-(\partial L/\partial C)C'(\Delta G - C'\Delta T) + (1-C')((1/P)\Delta M + (\partial L/\partial C)C'\Delta T)}{(1-C')(\partial L/\partial r) + (\partial L/\partial C)C'I'} \tag{2}$$

ただし問題文にある導関数の符号条件から，$(1-C')(\partial L/\partial r) + (\partial L/\partial C)C'I' < 0$ である. また答えに当たっては Δ を ∂ に置きかえる.

① (1)式で $\Delta G = \Delta T = 0$ とすれば，

$$\frac{\partial Y}{\partial M} = \frac{I'/P}{(1-C')(\partial L/\partial r) + (\partial L/\partial C)C'I'} > 0$$

であり，$I' < 0$ よりその符号は正である. 他方(2)式では，

$$\frac{\partial r}{\partial M} = \frac{(1-C')/P}{(1-C')(\partial L/\partial r) + (\partial L/\partial C)C'I'} < 0$$

であり，その符号は負である. よってこのケースでも金融緩和政策を通じて国民所得は増大し，利子率は低下することが分かる.

② (1)式で $\Delta G = \Delta M = 0$ とすれば，

$$\frac{\partial Y}{\partial T} = \frac{C'\{-(\partial L/\partial r) + (\partial L/\partial C)I'\}}{(1-C')(\partial L/\partial r) + (\partial L/\partial C)C'I'}$$

であり，その符号は不確定である. いま分母が負であるから，上式の符号条件は，

$$\frac{\partial Y}{\partial T} \gtreqless 0 \Leftrightarrow -I' \gtreqless -\frac{\partial L/\partial r}{\partial L/\partial C} \quad \text{（複号同順）}$$

で与えられる. この条件は，利子率の変化に対して投資の変化が右辺より大きい（小さい）ほど減税政策の実施によって国民所得が増加（低下）することを表している. その条件を保証するためには，利子率の変化に対する貨幣需要の

変化 $(\partial L/\partial r)$ が消費の変化に対する貨幣需要の変化 $(\partial L/\partial C)$ に比べて十分小さくなければならない.

③ 問題では $G=T$ を仮定しているが，ここでは $\Delta G=\Delta T$ で考える．(1)式で $\Delta M=0, \Delta G=\Delta T>0$ とすれば，

$$\frac{\partial Y}{\partial G}=\frac{(\partial L/\partial r)(1-C')+(\partial L/\partial C)C'I'}{(1-C')(\partial L/\partial r)+(\partial L/\partial C)C'I'}=1$$

すなわち均衡財政主義政策の実施は，財政政策の規模と同一の国民所得しか増加させないことが分かる.

（コメント）貨幣需要関数を消費ではなく国民所得に依存する（ただし $\partial L/\partial Y>0$）ものとします．このとき②の答えは，

$$\frac{\partial Y}{\partial T}=\frac{-(\partial L/\partial r)C'}{(1-C')(\partial L/\partial r)+(\partial L/\partial Y)I'}<0$$

であり，減税政策によって国民所得は確実に上昇します．他方③の答えは，

$$\frac{\partial Y}{\partial G}=\frac{(\partial L/\partial r)(1-C')}{(1-C')(\partial L/\partial r)+(\partial L/\partial Y)I'}>0$$

ですが，

$$\frac{(\partial L/\partial r)(1-C')}{(1-C')(\partial L/\partial r)+(\partial L/\partial Y)I'}-1=-\frac{(\partial L/\partial Y)I'}{(1-C')(\partial L/\partial r)+(\partial L/\partial Y)I'}<0$$

より，このときの乗数は 1 を下回ります.

第7章

問題1

均衡国民所得は，

$$Y=\frac{A+I+G+B_0-0.9T}{0.2}$$

であり，これを Y, G, T で全微分して $\Delta G=\Delta T$ とすれば $\Delta Y/\Delta G=1/2$ となる．よって選択肢③が正しい.

問題2

① $$Y=\frac{A+I_0+G_0+X_0-Z_0-(c-m)T_0}{1-(1-t)(c-m)} \tag{1}$$

この問題の場合，輸入関数も $Y_d = Y - T$ の関数になっていることに注意．

②
$$\frac{\partial Y}{\partial G} = \frac{1}{1-(1-t)(c-m)} > 1 \tag{2}$$

③
$$\frac{\partial Y}{\partial T_0} = -\frac{c-m}{1-(1-t)(c-m)} < 0 \tag{3}$$

財政収支は租税収入から政府支出を控除した残額 $(T-G)$ で定義される．いま $\Delta T_0 > 0$ として政府が $-\Delta T_0$ だけの減税を行ったとする．このとき減税政策による財政収支の変化は問題にある租税関数を用いて，

$$\Delta(T-G) = -\frac{1-c+m}{1-(1-t)(c-m)}\Delta T_0 < 0$$

で与えられ，財政収支は確実に悪化することが分かる．

④ (2)式と輸入関数より，財政政策による貿易収支 $(X-Z)$ の変化は，

$$\Delta(X-Z) = -\frac{m(1-t)}{1-(1-t)(c-m)}\Delta G < 0$$

であり，貿易収支は悪化する．

⑤ (3)式と輸入関数を用いれば，

$$\Delta(X-Z) = -\frac{m}{1-(1-t)(c-m)}\Delta T_0 < 0$$

である．右辺分子がマイナスなので，減税政策の実施も貿易収支を悪化させる．

問題3

① ある家計が手元資金 A を持っている．彼（彼女）が自国通貨建ての定期預金をした場合，一定期間後の元利合計は $(1+r)A$ となる．他方外国通貨建ての定期預金をした場合，一定期間後の元利合計は自国通貨で評価して $(1+r^*)Ae'/e$ となる．ここで e は定期預金を預けた時点での名目為替レート，e' を解約時点でのそれとする．

問題文にある金利裁定とは，自国建て通貨の定期預金と外国通貨建て定期預金の元利合計が一致する状況をさす．これは $(1+r)A = (1+r^*)Ae'/e$ が成り立つことだから整理して，

$$\frac{1+r}{1+r^*} = 1+r-r^* = \frac{e'}{e}$$

が得られ，$e'-e \equiv \Delta e$ として r について解くと，

$$r = r^* + \frac{\Delta e}{e}$$

となり，問題文(3)式が導出できた．

②③　問題の状況は r が不変であることを意味する．これを踏まえて，問題文(1)式および(2)式を Y, e, G, M で全微分して，$\Delta Y, \Delta e$ を計算する．

$$(\Delta Y, \Delta e) = \left(\frac{\Delta M}{pL_1}, \frac{(1-C'-NX_2)(1/p)\Delta M - L_1 \Delta G}{L_1 NX_1 (p^*/p)} \right)$$

ここで $L_1 \equiv \partial L/\partial Y > 0, NX_1 \equiv \partial NX/\partial(ep^*/p) > 0, NX_2 \equiv \partial NX/\partial Y > 0$ である．よって，以下のことが言える．

②の答え：財政政策の実施は国民所得を変化させず，為替レートのみを低下
　　　　　させる．

③の答え：金融緩和政策の実施は国民所得を増加させ，為替レートを上昇さ
　　　　　せる．

（コメント）$\dfrac{1+r}{1+r^*} = 1 + r - r^*$ という関係式は，$\dfrac{1+r}{1+r^*}$ を $r = r^* = 0, m = 1$ として第3章③式を適応させたものです．

第8章

問題1

微分記号を Δ で表すとして，IS および LM 曲線を全微分する．

$$\frac{dS}{dY}\Delta Y = \frac{dI}{dr}\Delta r \tag{1}$$

$$\frac{\partial L}{\partial(PY)}(P\Delta Y + Y\Delta P) + \frac{\partial L}{\partial r}\Delta r = \Delta M \tag{2}$$

ところが Y は完全雇用水準で与えられているから $\Delta Y = 0$ であり，(1)式より $\Delta r = 0$ である．この結果を(2)式に代入すると $\partial P/\partial M = 1/(\partial L/\partial(P\bar{Y}))\bar{Y} > 0$，すなわち P は上昇する．よって選択肢④が正しい．

問題2

完全雇用の状態を下添え字 s をつけておく．

①　生産関数と労働供給から $Y_s = 48$．

② 実質賃金率を ω とする．生産者の利潤最大化行動の一階の条件より，

$$\frac{24}{\sqrt{N}} = \omega \tag{1}$$

が得られ，ここに労働供給を代入して $\omega_s = 24$ である．

③ $$\frac{2}{5}Y + 4r = 60 \tag{2}$$

④ $$\frac{1}{3}Y - 5r = \frac{50}{P} - 60 \tag{3}$$

⑤ $$Y = 6\left(3 + \frac{10}{P}\right) \tag{4}$$

⑥ ①および⑤の結果から $P_s = 2$．

⑦ LM 曲線が(3)式から，

$$\frac{1}{3}Y - 5r = \frac{45}{P} - 60 \tag{5}$$

に変化する．これと(2)式を連立して AD 曲線を導出し，そこに①の結果を当てはめると $P_s' = 9/5$ となる．

⑧ 名目賃金を W とする．いま $P = P_s'$ であることに注意すれば，(1)式は，

$$\frac{24}{\sqrt{N}} = \frac{W}{9/5}$$

と書くことができる．②および⑥の結果から，もし W が完全雇用水準48で下方硬直的だとすれば，上式から $N = 81/100$ である．

失業率 u は労働供給から雇用量を引き，それを労働供給で割ったものである．いま労働供給が1であるから $u = 19/100$，つまり19％である．

⑨ 政府が g だけの財政政策を行ったとする．このとき IS 曲線は(2)式から，

$$\frac{2}{5}Y + 4r = 60 + g \tag{6}$$

に変化する．これと(5)式を連立すれば AD 曲線は，

$$Y = \frac{3}{2}\left(12 + g + \frac{36}{P}\right) \tag{7}$$

に変化する．この問題では失業率ゼロとは完全雇用状態のことだから，(7)式に完全雇用の組合せ $(Y_s, P_s) = (48, 2)$ を代入すれば，$g = 2$ である．

問題1

　この消費者は生涯を通じて一定の消費を行うものとし，毎期の消費量を C とする．また $Y>C$ を仮定する．

　① 毎期 $Y-C$ が資産の積み増しであり，それが T 年間持続する．それに初期資産 A を加えた合計 $A+T(Y-C)$ が答えである．これが引退後の生活の原資となる．

　② 仮定より引退後も毎期 C の消費を L 年行い，遺産 B を残して死亡する．引退後の支出合計 $LC+B$ の原資は①の答えである．よって $A+T(Y-C)-LC-B=0$ を C について解いて答えが得られる．

$$C=\frac{A+TY-B}{T+L} \tag{1}$$

　③ $0\le t\le T$ をみたす時点 t での貯蓄を S^y とすれば，$Y-C$ である．これに(1)式を代入して答えを求める．

$$S^y=\frac{LY+B-A}{T+L}$$

一方 $T\le t\le T+L$ を満たす時点 t での貯蓄を S^o とすれば，$-C$ である．これに(1)式を代入して答えを求める．

$$S^o=\frac{B-A-TY}{T+L}$$

　④ この消費者は昇給する時期 H もその金額 Y' も分かっているものとする．その上で生涯の消費を一定とするような行動をとるとする．このときの毎期の消費を C' とおき，①と②の考え方を適応して答えを得る．

$$C'=\frac{A+HY+(T-H)Y'-B}{T+L}$$

問題2

　第1期に購入する債券投資を b，低い（高い）収益率を r_L（r_H）とする．確率2/3で r_L が実現し，第2期の予算制約は $(1+r_L)b=c_2^L$ である．同じ考え方から $(1+r_H)b=c_2^H$ が確率1/3で実現する．他方第1期の予算制約は $100=c_1+b$ である．よってこの消費者の目的はすべての予算制約を考慮した期待効

用の最大化，

$$Eu = \frac{2}{3}c_1 c_2^L + \frac{1}{3}c_1 c_2^H$$

$$Maximize \quad = \left\{ \frac{2}{3}(1+r_L) + \frac{1}{3}(1+r_H) \right\} (100-b)\, b$$

と定式化される．よって $b^* = 50$ であり，選択肢③が正しい．

問題3

①
$$Maximize \quad U = c_1^\alpha c_2^{1-\alpha}$$

$$Subject \ to \quad Y = c_1 + \frac{1}{1+r}c_2$$

を解く．ただし $Y \equiv y_1 + y_2/(1+r)$ はこの消費者が生涯で獲得する所得の割引現在価値である．よって答えは以下の通り．

$$(c_1^*, c_2^*) = (\alpha Y, (1-\alpha)(1+r)\, Y) \tag{1}$$

② τ を恒久的消費税率とする．このとき各期の予算制約が $y_1 = (1+\tau)c_1 + s$, $y_2 + (1+r)s = (1+\tau)c_2$ と修正されるから，ここから通時的予算制約を導出し，これを制約とする最適制御問題を解く．

$$Maximize \quad U = c_1^\alpha c_2^{1-\alpha}$$

$$Subject \ to \quad Y = (1+\tau)\left(c_1 + \frac{1}{1+r}c_2 \right)$$

答えは以下の通り．

$$(c_1^{**}, c_2^{**}) = \left(\frac{\alpha Y}{1+\tau}, \frac{(1-\alpha)(1+r)\, Y}{1+\tau} \right) \tag{2}$$

(1)式と(2)式を比べると，恒久的消費税が導入されると各期の消費が減少することが分かる．

（コメント）①と②で最適条件は $\alpha c_2/(1-\alpha)c_1 = 1+r$ で変わりません．

問題4

①
$$Maximize \quad U = c_1^{0.7} c_2^{0.3}$$

$$Subject \ to \quad Y = c_1 + \frac{1}{1+r}c_2$$

を解く．答えは以下の通り．

$$(c_1^*, c_2^*) = (0.7Y, 0.3(1+r)Y)$$

② $S^* = 0.3Y$

③ 消費者が遺産を残さないという仮定から，消費のための引出 $-(1+r)$ S^* が引退してからの貯蓄になる．割引要因は $1/(1+r)$ なので答えは以下のようになる．

$$S^* + \frac{-(1+r)S^*}{1+r} = 0$$

④ 時点 t における若年期人口を N_t，同時点の退職世代人口を N_{t-1} とし，また $N_t/N_{t-1} = 1+n$ とする（n は人口成長率）．マクロの貯蓄を Σ として，例題 2 の②と同じ操作を行う．

$$\Sigma = YN_t - (Y - S^*)N_t - (1+r)S^* N_{t-1} = \frac{0.3 YN_t(n-r)}{1+n}$$

第10章

問題1

ここでは各個人の効用最大化問題を解くのではなく，次のような個人 b の効用最大化問題を解く．

$$Maximize \quad u^b = \log c_0^b + \log c_1^b$$

$$Subject\ to \quad \begin{cases} c_0^a + c_1^a = \bar{u} \\ c_0^a + c_0^b = 5 \\ c_1^a + c_1^b = 11 \end{cases}$$

第 1 制約条件は個人 a の効用を（最低限）$\bar{u}$ で保証する，第 2 および第 3 条件は各期のコーンの総量が一定である（これが資源制約）ことを表している．制約条件が 3 つあるがラグランジェ関数は，

$$\Lambda = \log c_0^b + \log c_1^b + \lambda(c_0^a + c_1^a - \bar{u}) + \mu_0(5 - c_0^a - c_0^b) + \mu_1(11 - c_1^a - c_1^b)$$

と定義できる（μ_t は時点 t （$t=0,1$）の資源制約にかかるラグランジェ乗数である）．ここから最適条件 $c_0^b = c_1^b$ を得る．これと第 2 および第 3 制約条件から，

$$c_1^a - c_0^a = 6 \tag{1}$$

という関係式が得られる．他方個人間での交換が実現するならば，少なくとも交換の前後で個人 a の効用は減少してはならない．もし交換が実現しないと

218

きの彼（彼女）の効用は賦存量の組合せから8であり，

$$c_0^a + c_1^a = 8 \tag{2}$$

が成り立つ．(1)式および(2)式より $(c_0^a, c_1^a) = (1, 7)$ である．この結果と第2および第3制約条件から $c_0^b = c_1^b = 4$ となる．

この結果と各消費者のコーン賦存量の組合せを比較すると，第0期に個人 a から b へコーンが2単位移動し，第1期には個人 b から a へコーン2単位が移動している．各時点で移動するコーンの量が同一なので，均衡利子率はゼロである．

問題2

① $$Maximize \quad U = \log C_1 + \delta \log C_2$$

$$Subject\ to \quad Y_1 + \frac{Y_2}{1+r^*} = C_1 + \frac{C_2}{1+r^*}$$

を解き，最適条件（オイラー方程式）は，

$$\frac{C_2}{C_1} = \frac{1+r^*}{1+\beta} \tag{1}$$

である．これをみれば，r^* の上昇（低下）によって C_2/C_1 が上昇（低下），すなわち相対的に来期の消費が多くなる．そして β の上昇（低下）によって C_2/C_1 が低下（上昇），すなわち相対的に今期の消費が多くなることが分かる．

② (1)式および各期の制約条件から貯蓄 S は，

$$S = \frac{Y_1}{1+\delta}\left(\delta - \frac{1+g}{1+r^*}\right) \tag{2}$$

で与えられる．そして(2)式の正負の条件を確定する（ただしこの計算に当たって $g\beta \cong 0$ としている）．

$$S \gtreqless 0 \Leftrightarrow r^* \gtreqless g + \beta \quad （複号同順）$$

$S > (<)0$ は外国へリンゴを輸出（輸入）していることを表す．よって世界利子率 r^* がリンゴ生産の成長率 g と主観的割引率 β の和よりも大き（小さ）いとき，ジパングの経常収支は黒字（赤字）である．

問題3

①消費者Aは，

$$Maximize \quad u^A = \log c_1^A + \log c_2^A$$

$$Subject \ to \quad e + \frac{e+d}{1+r} = c_1^A + \frac{c_2^A}{1+r}$$

そして消費者Bは，

$$Maximize \quad u^B = \log c_1^B + \log c_2^B$$

$$Subject \ to \quad e + d + \frac{e}{1+r} = c_1^B + \frac{c_2^B}{1+r}$$

を解く．各消費者の貯蓄は，

$$(s^A)^* = \frac{1}{2}\left(e - \frac{e+d}{1+r}\right) \tag{1a}$$

$$(s^B)^* = \frac{1}{2}\left(e + d - \frac{e}{1+r}\right) \tag{1b}$$

と計算できる．次に(1)式の符号をチェックする．

$$(s^A)^* \gtreqless 0 \Leftrightarrow r \gtreqless d/e \ \text{（複号同順）} \tag{2a}$$

$$(s^B)^* \gtreqless 0 \Leftrightarrow r \gtreqless -d/(e+d) \ \text{（複号同順）} \tag{2b}$$

非負の利子率を前提すれば，消費者B（A）が資源の貸し手（借り手）となる．

最後に(1)式から貸借する資源の超過需要関数を作りこれをゼロとおく．

$$\frac{2e+d}{2}\left(\frac{1}{1+r} - 1\right) = 0$$

よって均衡利子率は $r^* = 0$ であり，貸借量は $d/2$ となる．

② 同じ確率 $1/2$ で各消費者の第2期に実現する賦存量は異なる．だが実現する組合せが対称的なので，ここでは一般的に消費者 i の行動として解答する．

$$e + d + (1+r)s^i = c_2^{iH} \tag{3a}$$

が確率 $1/2$ で生じ，

$$e - d + (1+r)s^i = c_2^{iL} \tag{3b}$$

が確率 $1/2$ で生じる．よってこのケースで消費者 i が直面する最適化問題は，

$$Maximize \quad u^i = \log c_1^i + (1/2)\{\log c_2^{iH} + \log c_2^{iL}\}$$
$$= \log c_1^i + (1/2)\{\log(e+d+(1+r)s^i) + \log(e-d+(1+r)s^i)\}$$

$$Subject \ to \quad e = c_1^i + s^i$$

によって定式化される．このときの貯蓄は，

$$(s^i)^{**} = \frac{-e(2-r) \pm \sqrt{e^2(2-r)^2 + 8(re^2 + d^2)}}{4(1+r)} \tag{4}$$

となる．根号の中身が正なので，(4)式の小さい解（以下 s^-）は負値，大きい解（以下 s^+）は正値である（ただしどちらが資源の貸し手（あるいは借り手）になるかは判定できない）．よって超過需要関数がゼロの状況 $(-s^- - s^+) = 0$ から $r^{**} = 2$ が得られる．

この結果に関連して2点検討する．第1は，$r^{**} = 2$ のもとで s^+ が第1期の資源量 e 未満であるかどうかである．この条件は(4)式より，

$$e \gtreqless s^+ \Leftrightarrow 4e \gtreqless d \quad （複号同順）$$

である．$e > d$ であるから，必ず $s^+ < e$ が成り立つ．第2は，$r^{**} = 2$ のもとで s^- の元利返済が第2期において悪い状態が生起したときの資源量 $e - d$ 未満であるかどうかである．この条件は(4)式より，

$$e - d \gtreqless (1+r)(-s^-) \Leftrightarrow 2d(d-4e) \gtreqless 0 \quad （複号同順）$$

で示される．ここでも $e > d$ であるから，$e - d < (1+r)(-s^-)$ である．これは第1期に資源を借りた個人にとって，第2期に悪い状態が生起すれば消費できないことを意味する．これはこの個人の望むことではなく，それを避ける意味で第1期に資源を借り入れないことが最適行動となる．借り入れる主体が存在しないのだから，貸し出す主体も存在しない．つまりこの場合第1期において一切の資源の貸借が行われない，これが答えとなる．

（コメント）直感で考えれば，将来の所得が当てにならない状況では現在の貸借が行われないのは当然のことでしょう．

第11章

問題1

①
$$Maximize \quad U = \sqrt{c_1 c_2}$$

$$Subject\ to \quad w = c_1 + \frac{c_2}{1+r}$$

を解く．答えは以下の通り．

$$(c_1^*, c_2^*) = \left(\frac{w}{2}, \frac{(1+r)w}{2} \right) \tag{1}$$

② 第1期の予算制約は $w - B = c_1 + s$，第2期のそれは $(1+r)(s+B) = c_2$ である．ここから通時的予算制約は $w = c_1 + c_2/(1+r)$ と導出でき，①の制約条件と同じになる．ゆえに各期の消費の組合せは(1)式で与えられる．

③ 第1期に得る所得を w_1 とする．ここから年金保険料 $B = \tau w_1$ を控除した残額で消費と貯蓄に配分するから，同期の予算制約は $(1-\tau)w_1 = c_1 + s$ となる．他方第2期に受け取る年金保険金を q_2 とすると，同期の予算制約は $(1+r)s + q_2 = c_2$ となる．よって，

$$Maximize \quad U = \sqrt{c_1 c_2}$$

$$Subject \ to \quad (1-\tau)w_1 + \frac{q_2}{1+r} = c_1 + \frac{c_2}{1+r}$$

を解く．その答えは以下の通り．

$$(c_1^{**}, c_2^{**}) = \left(\frac{1}{2}\left((1-\tau)w_1 + \frac{q_2}{1+r} \right), \frac{1+r}{2}\left((1-\tau)w_1 + \frac{q_2}{1+r} \right) \right)$$

④ N_t を時点 t における若年世代人口とし，必要に応じて変数に t の下添え字をつける．時点 t において徴収した保険料合計 $\tau w_t N_t$ は，同期に存在する老年世代に配分される．いま給付される保険金総額は $q_t N_{t-1}$ だから，n を人口成長率として1人当たり，

$$q_t = (1+n)\tau w_t \tag{2}$$

だけの保険金が支給される．

時点 t で若年世代である消費者にとって，この年金システムから得られる便益の割引現在価値は，

$$-\tau w_t + \frac{q_{t+1}}{1+r}$$

である．これに(2)式を代入した上で（経済成長率 g が w_t の成長率に一致するとして）$w_{t+1} = (1+g)w_t$ を当てはめると，

$$-\tau w_t + \frac{(1+n)(1+g)\tau w_t}{1+r}$$

となる．これをこの消費者が支払った年金保険料で割ったものが年金収益率になる．これを θ とすれば，次式が答えになる．

$$\theta = \frac{(1+n)(1+g)}{1+r} - 1$$

問題2

①
$$Maximize \quad U = c_1^{0.7} c_2^{0.3}$$

$$Subject \ to \quad y = c_1 + \frac{c_2}{1+r}$$

を解く．答えは以下の通り．

$$(c_1^*, c_2^*, s^*) = (0.7y, 0.3(1+r)y, 0.3y)$$

② 第9章問題4と同じでゼロである．

③ 第1期の財政支出の財源を租税のみで賄うケースを〈ケースⅠ〉とする．このケースでは，

$$Maximize \quad U = c_1^{0.7} c_2^{0.3}$$

$$Subject \ to \quad w - t = c_1 + \frac{c_2}{1+r}$$

を解けばよく，各期の消費の組合せは以下の通りになる．ただし t は〈ケースⅠ〉における消費者1人当たり租税である．

$$(c_1^I, c_2^I) = (0.7(w-t), 0.3(1+r)(w-t)) \tag{1}$$

他方第1期の財政支出の財源を公債発行と租税で賄うケースを〈ケースⅡ〉とする．このケースでは第2期に公債償還のために租税が課されることに注意して，

$$Maximize \quad U = c_1^{0.7} c_2^{0.3}$$

$$Subject \ to \quad w - t_1 - \frac{t_2}{1+r} = c_1 + \frac{c_2}{1+r}$$

を解く．ここで t_i は第 i 期の1人当たり租税である．その答えは以下の通りである．

$$(c_1^I, c_2^I) = \left(0.7 \left(w - t_1 - \frac{t_2}{1+r} \right), 0.3(1+r) \left(w - t_1 - \frac{t_2}{1+r} \right) \right) \tag{2}$$

ここで〈ケースⅠ〉では $g=t$ であるから(1)式は，

$$(c_1^I, c_2^I) = (0.7(w-g), 0.3(1+r)(w-g))$$

である．他方〈ケースⅡ〉では $t_1 = \frac{1}{2}g, t_2 = \frac{1}{2}(1+r)g$ だから，(2)式は，

$$(c_1^H, c_2^H) = (0.7(w-g), 0.3(1+r)(w-g))$$

となる．以上のことから題意が証明できる．

第12章

問題1

与式を時間で微分して成長率の関係を導出する．

$$\gamma_Y = \gamma_A + 0.3\gamma_K + 0.7\gamma_L$$

問題文から $\gamma_A = \gamma_K = \gamma_L = 2$ であり，$\gamma_Y = 4$ が答えである．

問題2

① (12-1), (12-2), (12-11), (12-12)式および（＊）式を例題2にしたがって計算するといい．

② （＊＊）式より $k_t^* = (s/(n+\delta))^{1/(1-\alpha)}$．

③ 図12-3にしたがう．

④ （＊）式より $\gamma_y = \alpha\gamma_k$ であって，図12-3より k_t が高いほど γ_k は低くなる．また k_t が高いほど y_t は高いから，y_t が高いほど γ_y は低くなる．

⑤ ②の答えを与式に代入した，

$$c^* = (1-s)\left(\frac{s}{n+\delta}\right)^{\alpha/(1-\alpha)} \tag{1}$$

を s で微分する．

$$\frac{dc^*}{ds} = \left(\frac{s}{n+\delta}\right)^{\alpha/(1-\alpha)}\left(-1 + \frac{\alpha}{1-\alpha}\frac{1-s}{s}\right) \gtreqless 0 \Leftrightarrow s \lesseqgtr \alpha \quad \text{（複号同順）}$$

この計算結果より，(1)式は $s = \alpha$ で最大値をもつ曲線となる．これを図示したものが付図1である．

ここでの s は総生産のうち粗投資に配分される割合だと解釈できる．だから(1)式における s の変化は，①総生産が変化する効果，および②消費に配分される総生産の割合が変化する効果，の2つに分けて考えることができる．したがって $s = \alpha$ になるまでは①の効果が大きく消費が拡大するが，α を超えて s が大きくなると②の効果が大きくなるため，消費が低下してしまう．

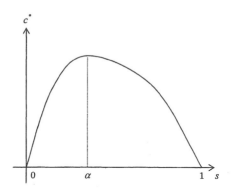

付図1　定常状態における1人当たり消費

問題3

① $k_t \leq b_K/b_N$ のとき，生産関数は $Y_t = K_t/b_K$ である．ここから $\dot{Y}_t/Y_t = \dot{K}_t/K_t$ であり，これに $\dot{K}_t + \delta K_t = sY_t$ を代入すると，

$$\frac{\dot{Y}_t}{Y_t} = \frac{s}{b_K} - \delta \tag{1}$$

となる．

② $k_t > b_K/b_N$ のとき，生産関数は $Y_t = N_t/b_N$ である．ここから $\dot{Y}_t/Y_t = n$ となる．

③ $k_t \leq b_K/b_N$ のとき $Y_t = K_t/b_K$ だから，$\dot{k}_t$ の定義式 $sY_t/N_t - (n+\delta)k_t$ にこれを代入すれば，

$$\dot{k}_t = \left(\frac{s}{b_K} - (n+\delta) \right) k_t \tag{2}$$

である．他方 $k_t > b_K/b_N$ のとき $Y_t = N_t/b_N$ だから，k_t に関する1階微分方程式は(2)式から，

$$\dot{k}_t = \frac{s}{b_N} - (n+\delta) k_t \tag{3}$$

に変化する．これは付図2のように右下がりの直線となる．

$k_0 < b_K/b_N$ を満たす初期条件を考える．これは問題文より相対的に K_t が不足した状況であるが，そこから k_t がどう動くのかについては次の3つのケースがある．

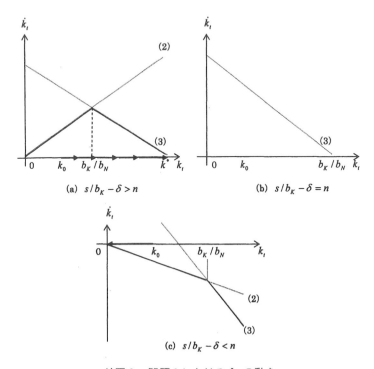

付図2　問題3における k_t の動き

(a)　$s/b_K - \delta > n$：

このケースは付図2(a)で示されている．この場合(2)式が右上がりの直線となるため，これにしたがって k_t は持続的に増加し，やがて $k_t = b_K b/_N$ に到達する．これは $K_t/b_K = N_t/b_N$，すなわち資本と労働がともに完全利用される状態である．ところがこのもとで $\dot{k}_t > 0$ だから，k_t はさらに増加する．しかしその動きは(3)式にしたがうので，最終的に $\dot{k}_t = 0$ の状態に行きつき，そのもとで定常値，

$$k^* = \frac{s}{b_N(n+\delta)} \tag{4}$$

が成立する．

(b) $s/b_K - \delta = n$：

このケースは付図2(b)に描かれている．この場合(2)式は横軸に一致し，しかもこの初期状態は(2)式にしたがって k_t は動く．ゆえにこのケースでは k_t は動くことはなく，そのままの状態に留まる．これも定常状態である

(c) $s/b_K - \delta < n$：

このケースは付図2(c)に描かれている．この場合ケース(a)とは逆で，k_t は持続的に減少し，やがて $k_t = 0$ に到達する．これは経済が崩壊することを意味するが，これも定常状態の1つである．

以上のことから，このモデルにおける定常状態は，ケースに応じて以下の3つの可能性がある．

- $s/b_K - \delta > n$ のとき，$k^* = s/b_N(n+\delta)$
- $s/b_K - \delta = n$ のとき，$k^* = k_0$
- $s/b_K - \delta < n$ のとき，$k^* = 0$

（コメント）この問題は，ハロッド・モデルをソロー・モデルに即して解釈し直したものです．ここで(1)式はハロッドのいう保証成長率，②の答えがハロッドのいう自然成長率で，③の答えは両者の食い違いで導き出される経済の姿が全く違ってくることを示しています．ただし，ハロッド自身は両者の食い違いが必然的に経済の低迷状態をもたらすことを主張しますが，この問題では2つの生産要素が完全利用される状況が持続しないことを導出していることに注意してください．

あとがき

　「特に初心者に対して，経済学とは，このようなもの（抽象的な数理モデルから出発して，その論理的帰結を追求すること：引用者注）であることを最初から示すべきであると考えている.」

　これは私の恩師の1人である瀬岡吉彦先生（大阪市立大学名誉教授）の書かれた『資本主義経済の理論』〔1984〕の「はじめに」にある1節です．これを私なりに解釈すると，「経済学を教育するに当たって一切のごまかしがあってはならない」になるでしょうか．数学上の基礎知識が十分だとはいえない受講生が大半を占めるからとか，学生のニーズ（らしきもの）に合わせてとか理由をつけて，講義内容を簡素化するのは言語道断．分からない学生がいたら分かるまで教えればいい．もちろん，高度な数学的手法をまともに解説することがごまかしを排除することではなく，学生の理解度に合わせて教員が必要に応じて（論理性を損なわない程度の）操作を行えばいい．それを時間が足りないと理由をつけるのは教員に教育上のスキルや創意工夫が足りない証拠．最近になって，先生の冒頭の言葉をこのように理解するようになりました．とは言え，10年以上教鞭をとってきた中で一切のごまかしを排除して教育実践してきたかと問われたら，Yesと胸を張って答えられない私がいるのが率直なところです．
　私の教育能力の低さはさておき，一切のごまかしを排除した中で，初学者から中級レベルまでの学生を包摂しうる教育実践の教材としてのテキストはどうあるべきか．これはずっと考え続けてきました．その意味で，安藤洋美先生（桃山学院大学名誉教授）が仲介になって現代数学社の富田栄氏とお会いした折に，「大学院入試の『赤本』を作りたい」との申し出があったことは幸いでした．大学院入試問題は，初級レベルを理解した読者ならばある程度の努力の上に比較的容易にエッセンスが摑めるだけの論理操作が施されている．これを素材にしてマクロ経済学の解説ができるのではないか．そう思って氏の提案を即座に引き受けた次第です．もちろん『赤本』といえば言わずと知れた大学別

の入試問題を網羅した対策本だから，「社会科学を生業とする人間が理工学系の数学がスラスラ解けるわけがない！」と即座に思ったのは言うまでもありません．

　『大学院へのミクロ経済学講義』でも触れましたが，本書は同僚の藤間真先生が『理系への数学』誌上で持っていた連載「大学院入試問題散策—解析学講話—」を拝借して3回（2005年10〜12月号），それを足がかりに「院への経済数学周遊」の連載を12回（2006年5月号〜2007年4月号），計15回の連載内容がもとになっています．ここで初出を挙げておきます．

第3章：「大学院入試問題散策⑤　—解析学講話—」
　　　　「院への経済数学周遊①　—ラグランジェ乗数法を用いた消費者行動
　　　　の分析—」
第6章：「大学院入試問題散策⑥　—解析学講話—」
第9章：「大学院入試問題散策⑤　—解析学講話—」
第10章：「院への経済数学周遊⑨　—金融契約および資産選択の理論—」
　　　　「院への経済数学周遊⑩　—ライフ・サイクルモデルによる金融市場
　　　　分析—」
第11章：「院への経済数学周遊⑪　—ライフ・サイクルモデルを用いた財政政
　　　　策分析—」
第12章：「大学院入試問題散策⑦　—解析学講話—」
　　　　「院への経済数学周遊⑫　—経済成長理論再論—」

連載当時は主要な読者層（理系を志している人々）にミクロ・マクロの両体系のエッセンスを，どちらかというと「1話完結」の形で提示することを念頭においていました．でもミクロの内容が9回だったのに対してマクロの内容は6回に止まり，些かバランスの欠いた連載内容になってしまいました．そこで本書の執筆に当たって再度入試問題を集めて熟慮した結果，「はしがき」に示した執筆方針を掲げ，これに則して連載内容から大幅な加筆・修正を行うことになりました．作業自体も『大学院へのミクロ経済学講義』と並行して行ったため，連載終了からここに辿り着くまでに相当の時間を要してしまいました．もちろん一度決めた執筆方針に対して一切のごまかしを排除して執筆したつもりですが，本書でその方針が伝わったかどうか，その判断は読者に仰がなければ

なりません．

　本書を刊行するに当たって，各方面からご協力を賜りました．近森恭子さんには問題収集に尽力して頂きました．連載段階において井辺弘迪君，近藤司佳さん，住吉山典子さん，鈴木高志君，弘田祐介氏（大阪市立大学大学院），道上真有氏（日本学術振興会特別研究員：当時）には原稿を一読の上，丁寧なアドバイスを頂きました．また単行本への作業において青木希代子さんには文字校正をして頂きました．三原裕子氏（大阪市立大学大学院）には原稿チェックを幾度となく行った上で内容の不備等を指摘して頂くとともに，索引を作成して頂きました．そしてここには挙げていない諸氏から賜った有形無形の支援に対しても，この場を借りて深謝いたします．

　最後に，本書の企画段階からすべてにご尽力頂いた富田栄氏が本書刊行の直前に逝去されました．氏とは親子ほどの年齢差がありましたが，企画説明における熱弁ぶり，連載時における私の不安を取り除くさりげないフォロー，そして私が重い腰を上げて本書刊行を決意した際の即断ぶり，お付き合いする時間は短かったですが，そのすべてを忘れることはできません．だからこそ本書を氏の生前に刊行できなかったことが残念でなりません．故富田栄氏の遺志を引き継ぎ，本書の刊行に尽力頂いた富田淳氏に深謝するとともに，本書を氏の霊前に捧げます．

索　引

著者紹介：

中村 勝之（なかむら・かつゆき）

1971 年　山口県下関市生まれ.
1994 年　大阪教育大学教育学部教養学科卒業.
1999 年　大阪市立大学大学院経済学研究科後期博士課程単位取得. 同年, 龍谷大学経済学部特定任用教員.
2001 年　桃山学院大学経済学部専任講師. 2002 年に同大学助教授.
2007 年　同大学准教授.
2016 年　同大学教授. 現在に至る.

主要著書・論文：

『大学院へのミクロ経済学講義』 現代数学社（2009 年）
『学生の「やる気」の見分け方』 幻冬舎（2019 年）
「年金未納者への罰則の導入と経済厚生」（2007 年）
「最適成長モデルにおける再生可能資源の持続可能性条件」（2008 年）
「数学の基礎学力と経済学理解度との関係について」（2007 年）

新装版　大学院へのマクロ経済学講義

2021 年 1 月 23 日　新装版 第 1 刷発行

著　者　　中村勝之
発行者　　富田 淳
発行所　　株式会社　現代数学社
　　　　　〒 606–8425 京都市左京区鹿ヶ谷西寺ノ前町 1
　　　　　TEL 075 (751) 0727　FAX 075 (744) 0906
　　　　　https://www.gensu.co.jp/
装　幀　　中西真一（株式会社 CANVAS）
印刷・製本　　亜細亜印刷株式会社

ISBN 978-4-7687-0550-6　　　　　　　　　2021 Printed in Japan